September

- Abgeblühte Sommerblumen in Kästen und Töpfen gegen Herbstblüher austauschen.

- Gefäße, die bis zum Frühling nicht mehr verwendet werden, vor dem Aufräumen reinigen.

- Topfobst und -gemüse beizeiten ernten und konservieren, bevor es Frostschaden nimmt.

Oktober

- Frühlingsblühende Zwiebelblumen in Gefäße setzen.

- Spätblüher wie Chrysanthemen in kalten Nächten mit Textilien abdecken, um die Blüten vor Spätfrösten zu bewahren.

- Langlebige Kübelpflanzen zur Vorbereitung auf die Winterquartiere trockener halten.

- Einige Samenstände als Winternahrung für Vögel vorsehen. Übrige für Frühlingssaat ernten und im Kühlschrank lagern.

- Bodenbeläge reinigen, solange es feucht, aber frostfrei ist.

November

- Frostempfindliche Kübelpflanzen ins Winterquartier bringen.

- Nicht auf Vorrat gießen: Erde stets gut abtrocknen lassen.

Dezember

- Töpfe, die im Freien auf Füßen stehen, sind besser isoliert und leiden weniger unter Dauernässe.

- Winterschutz anlegen: Isolierung um die Töpfe, Schattierung um die Zweige.

- Winterquartiere regelmäßig lüften (Pilzvorbeugung).

Januar

- Topfpflanzen im Freien, vor allem Immergrüne, an milden Tagen gießen, damit die Erde auch bei geringen Niederschlägen nicht austrocknet.

- Alle wassergefüllten Gefäße im Freien leeren, damit sie vom Frost nicht beschädigt werden.

Februar

- Saatgut von neuen oder ausgefallenen Sorten rechtzeitig vorbestellen.

- Auf Hygiene in den Winterquartieren achten: Regelmäßig auf Schädlinge kontrollieren. Falllaub auflesen (Krankheitsherd).

- Überwinternde Pflanzen, die im Haus bereits austreiben, heller und wärmer stellen.

- Frühe Saaten sehr hell, aber nicht sonnig stellen. Für eine konstante Keimtemperatur Heizmatten unterlegen.

- Verblühte Christrosen, Azaleen, Rosen, Tulpen oder Narzissen, die als früher Zimmerschmuck dienen, nicht ins Freie stellen. Obwohl die Arten winterfest sind, sind vorgetriebene Pflanzen keine Kälte gewöhnt.

Christine Amann

Frische Ideen für
Balkon & Terrasse

Ulmer

Seite 8

Top(f)-Gärten international

Gestaltungsideen aus aller Welt: Machen Sie mit Hilfe Ihrer Balkonpflanzen und der dazu passenden Gestaltung Urlaub an der Nordseeküste, in den Alpen, im Orient, am Mittelmeer, in Amerika oder Australien!

Seite 48

Balkonspaß für die ganze Familie

An einem schönen Balkon erfreuen sich Balkongärtner aller Altersklassen – besonders, wenn er auf die jeweiligen Interessen und Bedürfnisse zugeschnitten ist. Kreieren Sie Topfgärten für Kids, Studenten, Berufstätige und Senioren.

Seite 74

Finden Sie Ihren Stil

Balkongärten können viele Gesichter haben – je nach persönlicher Vorliebe des Balkonnutzers. Suchen Sie sich aus der Fülle unserer ansprechenden Gestaltungsstile Ihren eigenen Stil aus. Wie hätten Sie's gerne: lieber ländlichüppig, verspielt, naturnah, romantisch oder formal?

Seite 114

Genießen mit allen Sinnen

Auf Balkonien kann man sogar Nutzgärten im Top(f)-Format anlegen. Gourmets der verschiedenen „Geschmacksrichtungen" können wählen unter klassischen und modernen Kräutergärten, dekorativem bis ausgefallenem Balkongemüse sowie heimischem oder exotischem Topfobst.

Seite 144

Balkon & Terrasse einrichten

Neben den passenden, dabei aber dekorativen Pflanzen prägen Bodenbeläge, Schattierung und Bewässerung, Gefäße, Möbel sowie Accessoires das Bild Ihres Balkons oder der Terrasse. Erfahren Sie Grundsätzliches zu diesen „Stimmungsmachern".

Seite 154

Zum Nachschlagen

Sie möchten wissen, wo Sie Saatgut oder Pflanzen per Versand bestellen können? Sie benötigen hochwertiges Werkzeug oder Gärtner-Zubehör? Hier bekommen Sie hilfreiche Adressen.

Top(f)-Gärten international

Ob südländisch, tropisch-üppig oder mexikanisch: Mit Topfgästen aus aller Welt können Sie Ihren Urlaub zu Hause verbringen. Wozu in die Ferne schweifen, wenn das Schöne liegt so nah: faszinierend schöne Blüten, schmucke Blätter und bizarre Pflanzenformen. Da kann man es kaum erwarten, nach Hause zu kommen und zu entspannen: jeden Abend und am Wochenende – in oder außerhalb der Ferienzeit!

Terrakotta, Rosmarin, Lorbeer und Olive: Holen Sie sich ein Stück Toskana-Flair nach Hause!

Der Charme des Südens

Machen Sie im Urlaub Fotos von schönen Gärten – dann fällt es Ihnen zu Hause leichter, Ideen umzusetzen.

Sie fahren gerne in die Toskana, nach Umbrien oder nach Sizilien? Gegen den Alltagstrott nach dem Urlaub hilft es, wenn Sie den Charme des Südens „importieren", damit Sie ihn auch nördlich der Alpen täglich von April bis Oktober in vollen Zügen genießen können: Nicht nur Oliven (*Olea europaea*, siehe Kasten Seite 139), Feigen (*Ficus carica*, Seite 139) und Granatäpfel (*Punica*, Seite 141) gedeihen im Topfgarten prächtig. Auch Rosmarin (*Rosmarinus*, Seite 118), Lavendel (*Lavandula*, Seite 98) und Lorbeer (*Laurus*) sind dankbare Kübelgäste für Jahrzehnte. Kombiniert mit originalen Terrakotta-Gefäßen aus der Toskana oder preiswerteren Tonwaren, steht dem Urlaub zu Hause nichts mehr im Wege. Nur das Wetter muss noch mitspielen. Wählen Sie für Ihre „Mittelmeer-Oase" vollsonnige Südbalkone oder -terrassen, um jeden Sonnentag nutzen zu können.

Leuchtende Farben und üppige Blütenpracht

Die vielen Sonnentage und der hohe Lichtgenuss ermöglichen es den Pflanzen im Süden, jeden Sommer eine unglaubliche Fülle von Blüten in leuchtenden Farben zu entfalten. Bei uns sind die Sommer oft nicht ganz so sonnig, aber immer noch schön genug, um auch hierzulande langlebige Drillingsblumen (*Bougainvillea*, Seite 12), Oleander (*Nerium oleander*, Seite 14) und Schmucklilien (*Agapanthus*, Seite 43) in Hochform zu bringen. Gönnen Sie den Mediterranen den sonnigsten Platz, den Sie haben – und Sie werden jeden Sommer eine Blütenpracht wie im Süden erleben. Peppen Sie Ihren Mittelmeer-Garten zusätzlich mit farbenfrohen, einjährigen Sommerblumen auf. Geranien (*Pelargonium*, Seite 46f.) und Petunien (*Petunia*-Hybriden, Seite 45) sind auch im Süden Europas überaus beliebte Topfpflanzen, die in kaum einem Garten oder Vorgarten fehlen. Besonders schön wirken gelb blühende Begleiter wie Goldtaler (*Asteriscus*), Goldmarie (*Bidens,* Seite 103) oder Ringelblumen (*Calendula,* Seite 61), die auch an trüben Tagen viele kleine Sonnen aufgehen lassen, wenn sich ihre große Schwester am Himmel nicht zeigen will.

Allein dieser Duft!

Mediterrane Pflanzen überzeugen nicht nur mit optischen Reizen. Neben schöner Blüten ist es vor allem ihr Aroma, das an „Sonne, Strand & Meer" denken lässt. Die Wärme sonniger Tage löst in den Blättern von Lorbeer (*Laurus nobilis*), Thymian (*Thymus*, Seite 119), Zistrose (*Cistus*, Seite 98), Rosmarin (*Rosmarinus*, Seite 118) und Myrte (*Myrtus communis*, Seite 120) ätherische Öle, die sich als feine Wolken in der Luft verteilen. Das Aroma ist klassisch-herb, würzig und befreit den Kopf vom Stress des Tages. Schließen Sie einfach die Augen – und Sie können herrlich entspannen. Ebenfalls schön erfrischend sind Zitrusdüfte, die nicht nur vom Laub der Zitruspflanzen (*Citrus*, Seite 143) selbst stammen, sondern ebenso von Zitronen-Thymian (*Thymus × citriodorus*), Zitronengras (*Cymbopogon,* Seite 126), Zitronenstrauch (*Aloysia triphylla*) oder Zitronen-Eukalyptus (*Eucalyptus citriodora*). Trocknen Sie das Laub und Sie haben auch im Winter etwas für Ihre eigene, garantiert rein pflanzliche Aromatherapie.

Kleine Sonnenanbeter mit fröhlichem Charme

1 Gazanie
(Gazania)

Pflanze: Durch den schimmernden Glanz gleichen diese mehrjährigen Stauden tausend kleinen Sonnen, die Hitze nicht schreckt. Jüngere Züchtungen wie die 'Kiss'-und 'Frosty Kiss'-Serie sind kompakt und sehr blütenreich.
Standort: Vollsonnig und möglichst warm sollte es auf jeden Fall sein.
Pflege im Sommer: Gießen Sie nur wenig und erst wieder, wenn die Erde gut abgetrocknet ist. Lang andauernde Nässe lässt die Wurzeln faulen.
Pflege im Winter: Häufig werden Gazanien nur einjährig kultiviert, sie lassen sich jedoch sehr gut bei rund 10 °C in einem hellen Raum überwintern. Die Erde nur leicht feucht halten. Aussaat erfolgt ab April.
Gesundheit: Gelegentlich Blattläuse an den Triebspitzen. Blattpilze an zu luftfeuchten, kühlen Standorten.

2 Mittagsblümchen
(Dorotheanthus)

Pflanze: Da sie die Sonne lieben, nennt man diese einjährigen, 10 cm hohen Bodendecker auch „Sonnenblitzerli". Die Blätter sind fleischig und speichern Wasser. Hitze schreckt sie nicht. Es gibt sie in rot, lila, gelb, orange und weiß blühenden Sorten.
Standort: Je heißer und sonniger, umso reicher die Blüte. Prädikat: für heiße Südbalkone ideal.
Pflege im Sommer: Der Wasserbedarf ist gering. Wässern Sie erst, wenn die Erde seit der letzten Gabe abgetrocknet ist. Einzig Nässe schadet den Wurzeln, Trockenheit nicht. Gedüngt wird nicht.
Pflege im Winter: Entfällt, da einjährig. Möglich ist die Abnahme von Stecklingen im Herbst, die bewurzeln und hell bei 8 bis 15 °C überwintern.
Gesundheit: Schädlinge treten aufgrund der derben Blätter selten auf.

Der süße Duft von mehrjährigem Jasmin (*Jasminum,* siehe Seite 120), Sternjasmin (*Trachelospermum*) oder Gelbem Oleander (*Thevetia peruviana*) ist dagegen etwas zum Träumen. Für Männer ist er zuweilen zu intensiv, doch Frauen nehmen gerne inmitten des natürlichen Parfüms Platz. Wenn Sie am Abend Gäste haben, sollten Sie auf das süße Aroma einjähriger Sommerblumen wie Ziertabak (*Nicotiana,* Seite 64), Nachtviole (*Hesperis*) oder Goldlack (*Erysimum cheiri*) nicht verzichten. Verwöhnen Sie Ihre Gesellschaft mit fantasievoll-blumigen Gerüchen, bei denen man an milden Sommerabenden gerne bis in die Nacht verweilt.

Eine Duftpflanze als Tisch-Dekoration sollten Sie immer parat haben.

Blattschmuck als Ruhepol

Wie jeder Garten lebt auch der Mittelmeer-Stil nicht von bunten Blüten allein. Ebenso wichtig sind Blattschmuckpflanzen. Sie geben den bunten Stars einen Zusammenhalt und die Bühne, auf der sie brillieren können. Ohne das klare Grün der Blätter als Trennung wäre die bunte Blütenvielfalt oft zu viel des Guten und es käme zur Konkurrenz untereinander. Wer dagegen klassische Kübelpflanzen wie Klebsame (*Pittosporum tobira*), Lorbeer (*Laurus nobilis*), Liguster (*Ligustrum delavayanum*), Buchs (*Buxus sempervirens*) oder Mastixstrauch (*Pistacia lentiscus*) einstreut, sorgt für die nötigen Ruhepole. Das Auge kann auf ihnen verweilen, um sich dann den Blütenstars einzeln zu widmen.

Unverzichtbar für jeden Topfgarten im mediterranen Stil sind Palmen aller Art (siehe Seite 15). Unter ihren Wedeln kommt automatisch Strand-Feeling auf. Stellen Sie Ihren Liegestuhl darunter auf und blicken Sie gen Himmel: Das Licht- und Schattenspiel, das die Sonnenstrahlen auf den Palmblättern zeichnen, und die Lichtre-

Kübelgäste aus dem Süden, die von Jahr zu Jahr schöner werden

1 Drillingsblume
(*Bougainvillea*)

Pflanze: Die langlebigen, bedornten Kletterpflanzen wachsen rasch in die Höhe. Mehrmals pro Jahr gestutzt, bleiben sie dagegen buschig oder lassen sich zu Stämmchen erziehen.
Standort: Sonnige, warme Standorte ohne Zugluft garantieren, dass die Klettermaxe bis zu drei Blütengarnituren pro Sommer hervorbringen. Sind die farbigen Hochblätter eingetrocknet, schneidet man die Triebspitzen leicht zurück.
Pflege im Sommer: Voll belaubte Pflanzen brauchen ab Mai ein gutes Quantum Wasser, sonst schlappt das Laub. Die Erde darf jedoch nie längere Zeit nass sein, was die Wurzeln faulen lässt. Wöchentlich düngen.
Pflege im Winter: Hell bei 8 bis 15 °C stellen und dosiert gießen: keine Nässe!
Gesundheit: Bei kühler Überwinterung schädlingsfrei. Selten Läuse.

2 Klebsame
(*Pittosporum tobira*)

Pflanze: Mit ihren immergrünen, glänzenden Spatelblättern sind Klebsame ganzjährig attraktiv. Im Sommer kommen zartgelbe, intensiv duftende Blütendolden hinzu, im Herbst attraktive Fruchtstände mit rotem, klebrigem Fruchtfleisch.
Standort: Ob Sonne, Halbschatten oder Schatten: Klebsame gedeihen überall. Beste Blüte in sonniger Lage.
Pflege im Sommer: Der Wasserbedarf ist mäßig. Austrocknen führt zu einer Gelbfärbung der Blätter und die von Natur aus dichten und kompakten Sträucher verkahlen. Wöchentlich düngen von Mai bis September.
Pflege im Winter: Die ostasiatischen und im Mittelmeerraum beliebten Immergrünen brauchen einen hellen, aber kühlen Platz bei 0 bis 10 °C.
Gesundheit: Selten Läuse. Insgesamt sehr robust und schädlingsfrei.

Kumquat, Chinotto und Zwergpalme in blauen Gefäßen können Sie mit einem „edel-rostigen" Stuhl mediterran in Szene setzen.

flexe tamzen lässt, sind traumhaft. Wenn dann vielleicht auch noch ein leichter Wind die Palmwedel zum Flüstern bringt, ist die Illusion perfekt. Und dabei gehören Palmen zu dem Pflegeleichtesten aus dem Repertoire der langlebigen Kübelpflanzen! Sie benötigen keinen Schnitt, kaum Dünger und Wasser nur alle paar Tage. Ideal für alle, die häufig unterwegs sind!

Zeitlos modische Beinkleider

Bei den passenden Töpfen hat man die Qual der Wahl. Natürlich verbindet man mit Italien automatisch Terrakotta. Doch auch andere Mittelmeerländer wie Griechenland oder Spanien haben eigene Topftraditionen mit schönen Formen und Mustern. Abhängig von der Herkunftsregion hat das Material häufig nicht den rötlich-warmen Ton der Toskana, sondern ist eher beige. Er lenkt weniger ab von den Pflanzen und ist daher nicht zwangsläufig die schlechtere Wahl. Lasierte Pflanzgefäße sind beliebt, benötigen aber optisch starke Pflanzen, um gegen die auffälligen Topffarben bestehen zu können (siehe dazu auch Seite 150 f.).

3 Gewürzrinde
(Senna corymbosa/floribunda)

Pflanze: Die starkwüchsigen, sommergrünen Sträucher müssen häufig geschnitten werden, um sich besser zu verzweigen. Dichte Kronen blühen sehr reich: *C. corymbosa* im Frühling und Sommer, *C. floribunda* ab Juli bis weit in den Herbst hinein.
Standort: Sonne ist wichtig, erfordert aber häufige und reichliche Wassergaben.
Pflege im Sommer: Lassen Sie stets einen Wasservorrat im Untersetzer stehen, da der Bedarf sehr hoch ist. Düngen Sie von April bis August zwei Mal pro Woche.
Pflege im Winter: Die Temperatur sollte nicht dauerhaft unter 10 °C fallen. Kübelpflanzen müssen vor dem ersten Frost ins Haus.
Gesundheit: Achten Sie auf Blattläuse im Frühling, Weiße Fliegen im Sommer und Schildläuse im Winter.

4 Veilchenstrauch
(Iochroma cyanea)

Pflanze: Die sommergrünen Sträucher wachsen sehr zügig heran, vergessen dabei aber nicht, laufend zu blühen. Die violetten Blütenröhren stehen in dichten Büscheln beisammen (im Bild: *Iochroma grandiflora*).
Standort: Halbschatten bekommt dem weichen Laub am besten, da die Pflanzen sonst rasch zu viel Wasser verdunsten. Frost vertragen sie nicht.
Pflege im Sommer: Gießen Sie reichlich und häufig, um den großen Durst der dicht belaubten Kronen zu löschen. Düngen Sie ein Mal, besser zwei Mal pro Woche mit flüssigem Kübelpflanzendünger.
Pflege im Winter: Obwohl die Zweige weitgehend laublos sind, ist ein heller Platz bei 8 bis 15 °C ratsam.
Gesundheit: Im Sommer häufig Weiße Fliegen. Hängen Sie vorbeugend ab Mai Gelbtafeln auf.

Oleander – *einfach eine Wucht!*

Schneiden Sie
Oleander
direkt nach der
Blüte im
August zurück.

Kaum eine andere Kübelpflanze ist so beliebt wie der Oleander (*Nerium oleander*). Seine zahlreichen und leuchtstarken Blüten öffnen sich den ganzen Sommer in roten, gelben, weißen, lachs- und rosafarbenen Varianten, gefüllt oder einfach. Die gefüllten Sorten sind vor allem in kühlen, regenreichen Sommern nicht ganz so blühgewaltig wie ihre einfachen Geschwister. Auch verkleben die Blütenblätter nach Regenfällen leichter und werden fleckig. Am robustesten sind rosa- und lachsfarbene sowie rote Spielarten.

Viele Blüten erfordern viel Pflege

Damit Oleander nicht nur blühfreudig, sondern auch gesund bleibt, braucht er reichlich Wasser und Nährstoffe. Halten Sie die Erde stets feucht. Beim Gießen sollte ein Wasservorrat im Untersetzer oder Übertopf stehen bleiben, der von der Erde aufgesogen werden kann. Geben Sie von Anfang April bis Ende August jede Woche mindestens ein Mal hochwertigen Flüssigdünger für Kübelpflanzen ins Gießwasser, im Juni und Juli sogar zwei Mal wöchentlich. Leidet Oleander Mangel, wird er anfällig für Spinnmilben und andere Schädlinge. Da die Giftpflanzen leichte Frostgrade gut vertragen, lässt man sie im Herbst so lange wie möglich im Freien. Das dämmt Schädlinge ein und härtet die Immergrünen ab. Den Winter verbringen die Dauerblüher an einem hellen Platz unter 10 °C. Bei zu warmem Stand stellen sich allzu leicht Schild- und Wollläuse ein.

Die schönsten Oleander-Sorten

Name	Blütenfarbe	Blütenform
'Alsace'	weiß	einfach
'Emile Sahut'	rot	einfach
'Emilie'	rosa	einfach
'Hardy Red'	rot	einfach
'Isle of Capri'	gelb	einfach
'Luteum Plenum'	gelb	gefüllt
'Marie Gambetta'	gelb	einfach
'Papa Gambetta'	rot	einfach
'Petite Salmon'	lachsfarben	einfach
'Pink Beauty'	rosa	einfach
'Prof. Granel'	rot	gefüllt
'Rosa Bartolini'	rosa	einfach
'Roseum Plenum'	rosa	gefüllt
'Sealy Pink'	rosa	einfach
'Soeur Agnès'	weiß	einfach
'Soleil Levant'	lachsfarben	einfach

Urlaub unter **Palmen**

Sommer, Sonne, Strand und Palmen – das können Sie nicht nur in der Ferienzeit haben. Viele Palmen fühlen sich auch hierzulande in der Sommerfrische wohl und sorgen täglich für Urlaubsatmosphäre.

Pflegeleicht auf ganzer Linie

Palmen brauchen kaum Pflege. Es genügt, sie alle paar Tage zu gießen, dann aber reichlich. Bis zur nächsten Wassergabe sollte die Erde gut abtrocknen. Je größer die Töpfe sind, in denen Ihre Palmen wachsen, umso mehr Wasser speichert die Erde. Im Sommer müssen Sie so meist nur jede Woche, im Winter ein Mal pro Monat ans Gießen denken. Geben Sie gelegentlich Dünger mit ins Gießwasser: sechs bis acht Gaben pro Saison (April bis August) genügen. Ein größeres Pflanzgefäß brauchen Hanf- und Zwergpalmen nur alle drei Jahre. Starkwüchsige Dattel- oder Petticoat-Palmen schieben sich mit ihren Wurzeln dagegen nach oben aus dem Topf und erfordern häufiger eine neues, tieferes Gefäß.

Zwerg-Palmettos: klein, aber großartig

Pflegeleichte Palmen für die Sommer-Terrasse

Deutscher Name	Botanischer Name	Merkmale
Bismarck-Palme	*Bismarckia nobilis*	Fächer, rötlich überlaufen, langsam wachsend
Blaue Hesperidenpalme	*Brahea armata*	Fächer, bläulich, langsam wachsend
Chilenische Honig-Palme	*Jubaea chilensis*	Fieder, einstämmig, langsam wachsend
Dattel-Palme	*Phoenix canariensis*	Fieder, dickstämmig, stark wachsend, ausladend
Dreieck-Palme	*(Neo-)Dypsis decaryi*	Fieder, dreickiger Stamm, langblättrig
Gelee-Palme	*Butia capitata*	Fieder, bogig überhängend, mäßig wachsend
Hanf-Palme	*Trachycarpus fortunei*	Fächer, einstämmig; verträgt strengen Frost
Petticoat-Palme	*Washingtonia filifera*	Fächer, dickstämmig, schnell wachsend
Schirm-Palme	*Livistona chinensis*	Fächer, langstielig, mäßig wachsend
Weißstamm-Palme	*Ravenea rivularis*	Fieder, einstämmig, langblättrig
Zwerg-Palme	*Chamaerops humilis*	Fächer, mehrstämmig, kompakter Wuchs
Zwerg-Palmetto	*Sabal minor*	Fächer, Stamm unterirdisch, langsam wachsend

Farbenfroh wie im **Orient**

Eine Reise nach Indien ist ein Genuss für alle Sinne. Nicht nur die Augen sind fasziniert von der Fülle der Farben. Die Nase nimmt nie gekannte, einprägsame Gerüche wahr und für orientalich-exotische Gaumenfreuden ist ebenfalls gesorgt. Wer diese Erlebnisse zu sich nach Hause holen möchte, hat im sommerlichen Terrassengarten alle Möglichkeiten.

Faszinierendes Spiel mit dem Feuer

Rote Blüten wirken abends nicht. Ergänzen Sie den Topfgarten deshalb mit weißen und rosafarbenen Blüten, die selbst im Kerzenschein reflektieren.

Nicht nur die Kleidung der Menschen ist in weiten Teilen des Orients farbenfroher als hierzulande. Auch die Stoffe und Wandverzierungen, mit denen die Wohnräume und Innenhöfe dekoriert sind, enthalten alle Farben des Regenbogens. Ein Ton fehlt dabei nie: Rot. Für Topfgärten im orientalischen Stil sollten Sie Rottönen deshalb entsprechenden Raum zugestehen. Dabei reicht die Bandbreite von dunklem Karminrot bis zu feurigem Zinnoberrot, die Petunien (*Petunia*, Seite 45) und Geranien (*Pelargonium*, Seite 46f.) bieten, ebenso Fleißige Lieschen (*Impatiens-Neuguinea*-Hybriden, Seite 83) und Eisenkräuter (*Verbena*, Seite 104). Unverzichtbar ist das knallige Rot der Bart-Nelken (*Dianthus barbatus*). Auch orange- und pinkfarbene Töne dürfen sich unter die orientalischen Arrangements mischen, die nicht nur Knollen-Begonien (*Begonia-Tuberosa*-Hybriden), sondern auch Aufrechte Begonien (*Begonia-Elatior*-Hybriden, siehe Seite 106) im Programm führen. Im Herbst stimmen Dahlien von Rot bis Orange mit in die Parade ein.

Um bei dieser Farbenpracht stark konkurrierende Sorten voneinander zu trennen, setzt man grüne Blattschmuckpflanzen wie Gräser oder Efeu ein. Ebenfalls geeignet sind weiß blühende Arten wie Schneeflockenblume (*Sutera*, Seite 105) oder Feinstrahl (*Erigeron karvinskianus*, Seite 103), die mehr Ruhe in die bunten Sets bringen.

Anregende Düfte

Die Königinnen aller Blütendüfte im orientalischen Topfgarten sind die Lilien (Seite 22). Nicht verzichten sollten Sie auch auf Vanilleblumen (*Heliotropium*, Seite 22) mit ihrem feinen Vanille-Aroma

Steinerne Bank mit Sitzkissen: Nehmen Sie Platz wie im Orient!

Mischen Sie nicht zu viele Duftpflanzen miteinander, sonst überlagern sich die Düfte unangenehm.

und auf die mächtigen Engelstrompeten (*Brugmansia*, Seite 66 f.), die ihre Blüten ab dem späten Nachmittag entfalten und zum Duften bringen. Beide sind bei kühler Überwinterung mehrjährig, Lilien können im Freien überwintern. Als einjährige Sommerblume trägt der Duftsteinrich (*Lobularia maritima*, Seite 97) seinen Namen zu Recht und durchzieht die Luft mit Schwaden seines blumigen Parfüms. Auf die Nacht stimmt der Zier-Tabak (*Nicotiana*, Seite 64) mit seinen weißen oder rosafarbenen Blütenröhren ein, die sich als wahre Parfüm-Flakons entpuppen.

Gerüschte und gefüllte Blüten

Dabei sind es nicht bevorzugt die einfachen Blüten, die Sie für Ihren Orientgarten auswählen sollten. Noch stimmungsvoller sind gefüllte Blüten. Sie sind zwar etwas regenempfindlicher als ihre schlichten Kolleginnen, aber viel charmanter. Sie finden vor allem unter den Begonien (*Begonia*, Seite 106), aber ebenso unter den Fleißigen Lieschen (*Impatiens*, Seite 83) und Geranien (*Pelargonium*, Seite 46 f.) zahlreiche Vertreter, die sich mit Beinamen wie 'Plenum' oder 'Plena' verraten.

Fuchsien dürfen nicht fehlen

Dem Idealbild üppiger und farbenfroher Orient-Pflanzen entsprechen Fuchsien (*Fuchsia*-Hybriden, Seite 88 f.) in annähernder Perfektion. Ihre Blütenröckchen tragen vorwiegend rote und rosafarbene Tracht – oft in wunderschönen Kombinationen. Viele Sorten sind obendrein gerüscht. Die Blütezeit dauert von Mai bis September, die Pflege ist dabei denkbar einfach: An einem halbschattigen Standort bei konstant feuchter Erde und wöchentlichen Düngergaben steht dem Orient-Zauber

Sommerblumen mit orientalischem Charme

1 **Amarant**
(Amaranthus)

Pflanze: Bei diesen einjährigen Sommerblumen können Sie sich entscheiden: wenn Sie Wert auf rote Blütenschweife legen, ist der Fuchsschwanz (*Amaranthus caudatus*) richtig für Sie. Falls Sie bunte Blätter mit Orange und Rot wünschen, wählen Sie die dekorativ Art *Amaranthus tricolor*.
Standort: Sonne oder Halbschatten sind gleichermaßen geeignet, wobei Sonne die Farben zum Leuchten bringt.
Pflege im Sommer: Da die bis zu 1 m hohen Pflanzen dicht belaubt sind, brauchen sie viel Wasser und als Topfpflanzen jede Woche Dünger. Aussat ab März im Haus, Ausräumen ab Mitte Mai.
Pflege im Winter: Entfällt.
Gesundheit: Bei Wasser- oder Düngermangel häufig Blattläuse.

Nomen est omen: Wunderbaum

Rot ist die Farbe des Laubes

Nicht nur rote Blüten, sondern auch rote Blätter verleihen dem Orientgarten seinen Charme.

Der **Wunderbaum** (*Ricinus communis*) macht seinem Namen alle Ehre: Er färbt nicht nur seine kugelrunden Igel-Blüten rot, sondern auch das junge Laub. Bei kühler Überwinterung ist er mehrjährig und wird meterhoch. Seine Samen gelten – in großen Mengen genossen – als giftig, bei medizinischer Anwendung haben sie abführende Wirkung.

Unterstützung bekommt er von der roten **Keulenlilie** (*Cordyline australis* 'Atropurpurea'), die mit schopfartigem Wuchs und schmalen Blättern an eine Palme erinnert.

Ebenfalls ganz auf Rot eingestellt sind zahlreiche Sorten des **Neuseeländer Flachses** (*Phormium tenax*) wie 'Atropurpurea', 'Rainbow Warrior' oder ' Bronze Baby'.

Winterhart und hierzulande noch ein Newcomer ist der **Kanadische Judasbaum** (*Cercis canadensis*) mit seinem tiefroten Laub und rosa April-Blüten. Ebenfalls ein Kandidat für den ganzjährigen Topfgarten sind rote Sorten des **Fächer-Ahorns** (*Acer palmatum*) wie 'Atropurpureum', 'Bloodgood' oder 'Trompenburg'.

selbst auf West- und Ostterrassen nichts im Wege. Ein guter Grund, sich gleich eine kleine Fuchsien-Sammlung zuzulegen, die meist von ganz alleine größer wird. Denn hat man einmal Feuer für Fuchsien gefangen, kann man der Vielfalt an neuen, interessanten Züchtungen kaum widerstehen. Bekommt man sie nicht von Freunden geschenkt, geht man selbst auf die Suche nach den schönsten Sorten seiner Wahl, die überall angeboten werden: in Fachgärtnereien, auf Wochenmärkten oder bei Gartenfestivals.

---

2 **Hahnenkamm**
(Celosia cristata)

Pflanze: Die Blüte der einjährigen Sommerblume ist unverwechselbar und hält gut sechs Wochen, ohne zu verblassen. Die virtuose Form entsteht durch das Verwachsen mehrerer Blüten, vermutlich verursacht durch eine Virusinfektion.
Standort: Sonne ist für die Blütenbildung wichtig, doch sollte der Platz nicht zu heiß sein, da die zart besaiteten Blätter sonst leicht schlappen.
Pflege im Sommer: Halten Sie die Erde stets feucht, aber nicht nass. Trockenheit geht zu Lasten der Blüte. Geben Sie jede Woche ein Mal Flüssigdünger ins Gießwasser. Ausgesät wird ab März im Haus bei über 20 °C, ins Freie dürfen sie ab Mitte Mai.
Pflege im Winter: Entfällt.
Gesundheit: An zu luftfeuchten, schattigen Plätzen treten Pilzerkrankungen auf.

3 **Schmuckkörbchen**
(Cosmos bipinnatus)

Pflanze: Die bis zu 16 cm großen Blüten sind ebenso elegant wie das fein gefiederte Laub, zu dem sie in auffälligem Kontrast stehen. Sie halten auch in der Vase sehr lange.
Standort: Sonnig sollte es sein, damit sich möglichst viele der weißen, rosa- oder pinkfarbenen Blüten auf bis zu 120 cm langen Stielen bilden.
Pflege im Sommer: Lassen Sie die Erde weder austrocknen noch zu nass stehen. Lange Stiele werden gestäbt. Düngen Sie wöchentlich. Ausgesät werden Schmuckkörbchen entweder im Mai direkt in Töpfe ins Freie oder man zieht sie ab April im Haus bei 15 bis 20 °C vor.
Pflege im Winter: Entfällt. Frost bereitet den Einjährigen ein Ende.
Gesundheit: Gelegentlich Blattläuse an den Blütenknospen. Sammeln Sie Nacktschnecken regelmäßig ab.

4 **Kapkörbchen**
(Osteospermum ecklonis)

Pflanze: Sorten mit löffelartig eingefalteten Blütenblättern unterstreichen das verspielte Ambiente orientalischer Topfgärten. Hierzu zählen Sorten wie 'Flower Power Spider Crème' oder 'Daline Rosalind'.
Standort: Die südafrikanischen Stauden lieben sonnige, geschützte Lagen ohne Zugluft.
Pflege im Sommer: Halten Sie die Erde gleichmäßig, aber auf geringem Niveau feucht. Den Nährstoffbedarf decken Sie durch eine Flüssigdüngergabe pro Woche von Mai bis September. Vermehrung durch Aussaat ab Februar im Haus oder durch Überwintern von Stecklingen.
Pflege im Winter: Obwohl meist einjährig kultiviert, sind Kapkörbchen mehrjährig und überwintern bei 10 °C.
Gesundheit: Blattläuse können auftreten, ebenso Schnecken.

Passionsblumen sind an Exotik kaum zu übertreffen.

Klettermaxe für den Orient-Look

Eine Terrasse wird erst dann schön, wenn sie rundum von schönen Blüten umgeben ist und sich der Blick nicht in der Landschaft verliert oder an der Fassade der gegenüberliegenden Hausfassade hängen bleibt. Deshalb sind Kletterpflanzen wichtige Helfer, um eine orientalische Oase zu schaffen, in der Sie ungestört sind. An erster Stelle steht hierbei die Große Kapuzinerkresse (*Tropaeolum majus*, Seite 125), die mit ihren leuchtenden Orange-, Gelb- und Rottönen zur jährlichen Mai-Saat in preisgünstigen Samentüten angeboten wird. An einem kühlen Standort kann Kapuzinerkresse jedoch überwintern und sprießt im Folgejahr dann neu. Ein Schmuckstück besonderer Art ist die einjährig gezogene Sternwinde (*Ipomoea/Quamoclit lobata*) mit ihren Schiffchenblüten, die ihre Farbe von Weiß über Gelb und Orange zu Rot an der Spitze wechseln. Die Schwarzäugige Susanne (*Thunbergia alata*, Seite 110 f.) setzt mit ihren orangefarbenen Sorten und ihrem tiefschwarzen Schlund („Auge") Akzente.

Passionsblumen setzen Früchte an, deren Saft wir als „Maracuja" kennen. Je nach Sorte variieren die Früchte und Erntemengen.

Passionsblumen werden rasch zur Passion

Wie bei den Fuchsien erfasst einen auch bei den rankenden Passionblumen (*Passiflora*) rasch die Sammelleidenschaft. Die langlebigen Kübelpflanzen bilden bis zu 10 cm große Blüten, deren Aufbau kurios und faszinierend ist. Im Zentrum thront der Stempel, der von einem Kranz schönfarbiger Staubfäden umgeben wird. Die

Feurig-rote Kübelgäste, die Sie viele Jahre begleiten

1 Korallenstrauch
(Erythrina crista-galli)

Pflanze: Die feuerroten Blüten stehen am Ende der seit dem Frühjahr herangewachsenen Triebe. Im Herbst trocknen sie natürlicherweise zurück. Was bleibt, ist ein kurzer Stamm, der – vergleichbar mit Weinstöcken – mit den Jahren immer knorriger wird.
Standort: Die langlebigen Topfgäste schätzen es sonnig, aber luftig.
Pflege im Sommer: Die Erde sollte stets leicht feucht, aber nie nass sein. Der Düngerbedarf ist mäßig und kann mit zwei bis drei Gaben pro Monat gedeckt werden.
Pflege im Winter: Die laublosen Sträucher können dunkel stehen bei 3 bis 12 °C. Halten Sie die Erde ziemlich, aber nicht vollständig trocken!
Gesundheit: Im Sommer treten an stickigen Plätzen leicht Spinnmilben auf. Sonst robust und unanfällig.

2 Schönmalve
(Abutilon-Hybriden)

Pflanze: Die sommergrünen Sträucher werden nicht müde, von Mai bis September immer neue Blütenglocken in Rot, Gelb, Rosa, Weiß, Orange oder auch mehrfarbig erklingen zu lassen. Die Triebe wachsen rasch in die Länge. Sie sollten für kompakte Kronen laufend geschnitten werden.
Standort: Sonne wäre gut, doch entzieht sie den weichen Blättern zu rasch Feuchtigkeit. Halbschatten ist deshalb besser.
Pflege im Sommer: Gießen Sie häufig und reichlich, damit die Erde nicht austrocknet, und düngen Sie jede Woche bis September.
Pflege im Winter: Je kühler das Winterquartier, umso dunkler können die Pflanzen stehen: 5 bis 15 °C. Warme Wohnzimmer sind ungeeignet.
Gesundheit: Weiße Fliegen sind sommers wie winters unvermeidlich.

3 Passionsblume
(Passiflora)

Pflanze: Neben ihren eigenwilligen Blüten locken diese langlebigen Kletterpflanzen mit der Aussicht auf raschen Sichtschutz und leckere Früchte. *P. quadrangularis* (im Bild) bringt besonders große, saft- und samenreiche Früchte hervor.
Standort: Sonnige bis halbschattige Plätze sind willkommen. Die Luft sollte bewegt und frisch sein.
Pflege im Sommer: Der Wasserbedarf ist aufgrund des raschen Längenwachstums und der Blattmenge recht hoch. Düngen Sie möglichst jede Woche mit Flüssigdünger.
Pflege im Winter: Als Winterquartier eignen sich je nach Art kühle, helle Räume zwischen 3 und 24 °C. Die Erde konstant leicht feucht halten.
Gesundheit: An heißen Plätzen ohne Luftbewegung stellen sich im Hochsommer häufig Spinnmilben ein.

Kronblätter sind ebenfalls je nach Sorte prachtvoll rot oder blau gefärbt. Weiße und rosafarbene Spielarten sind dezenter, bleiben aber imposante Hingucker. Jedes dieser Kunstwerke hält nur einen Tag, doch den ganzen Sommer folgen so viele Knospen nach, dass Sie den Flor von Juni bis Ende August bestaunen können. Je nach Art sowie abhängig vom Lichtangebot (je dunkler, desto kühler) überwintern sie bei 3 bis 12 °C, 8 bis 15 °C oder 15 bis 24 °C im Haus.

Bunt und üppig ist Trumpf

Während man bei der Gartengestaltung dafür plädiert, sich bei der Wahl der Farben und Muster zu beschränken, um eine harmonisch-einheitliche Wirkung zu erzielen, kann es im Orient-Garten gar nicht bunt genug zugehen. Verwenden Sie zusätzlich zum Farbenfeuerwerk der Blüten bunte Stoffe zur Dekoration. Dafür sind nicht nur Wandteppiche, sondern auch Stoffbahnen geeignet, die als Sichtschutzbarrieren senkrecht gespannt werden oder Ihnen als Baldachin Schutz vor der Sonne und leichten Regenschauern bieten.

Statt klassischer Garnituren mit Tisch und Stühlen bieten sich für den Orient-Look Liegebänke mit dicken Polstern an, auf denen man stundenlang bequem liegen kann. Kissen tun ihr Übriges, eine gemütliche Atmosphäre zu verbreiten und um weitere Farbtupfer einzubringen.

Am Abend sollten Sie Ihre Orient-Terrasse mit Kerzen und Windlichtern in Szene setzen. Der Fachhandel bietet außerdem Metall-Lampen im Orient-Stil an, die Sie an langen Stangen oder Wandhalterungen aufhängen können.

Das i-Tüpfelchen für orientalisches Flair: Räucherstäbchen, die es in Duftnoten wie Ylang-Ylang oder Patchouli gibt.

4 Mandeville
(Mandevilla)

Pflanze: Die großen Trichterblüten haben etwas wahrhaft Orientalisches an sich. Die starkwüchsigste Art ist *Mandevilla* x *amabilis* 'Alice du Pont' (im Bild). Die Blüten des Chilenischen Jasmins (*Mandevilla laxa*) duften verführerisch. Das Wachstum der Dipladenie (*Mandevilla sanderi*) ist moderat, ihr Laub attraktiv glänzend.
Standort: Vollsonnige, warme Plätze sind Pflicht. Bieten Sie den Kletterpflanzen stabile Rankgerüste.
Pflege im Sommer: Der Wasserbedarf ist dank des festen Laubes mäßig. Starkwüchsige Arten werden wöchentlich, die Dipladenie alle 14 Tage mit Flüssigdünger versorgt.
Pflege im Winter: Sehr hell bei 8 bis 18 °C überwintern und feucht halten.
Gesundheit: Gelegentlich Weiße Fliegen im Sommer, Schildläuse im Winter. Sonst sehr robuste Kübelgäste.

Die Liebe zu schönen **Lilien**

Binden Sie hohe Lilien-Stängel gleich im Frühjahr an Stützstäbe, damit sie bei Wind nicht knicken oder gar abbrechen.

Lilien sind mit ihren trichterförmigen Blüten ein Symbol für orientalische Schönheit, insbesondere die edlen, weißen Sorten. Im Gegensatz zu anderen Zwiebelblumen, die nach der Blüte durch ihr rasch welkendes Laub unansehnlich werden, sind Lilien den ganzen Sommer schön. Bis zur Blüte kann man ihre schlanken, quirlig beblätterten Triebe als Blattschmuck überall dazwischenstellen. Zur Blütezeit gebührt ihnen ein Platz in der ersten Reihe. Danach bleiben die Sprosse so lange grün, bis sich die Sommersaison mit dem ersten Frost ohnehin dem Ende zuneigt.

Das 1x1 der Lilien-Pflege

Die langlebigen Lilien pflanzt man zwischen September und Oktober in Töpfe mit durchlässiger Erde, die nach Regen oder Tauwetter rasch abtrocknet. Kälte vertragen die Zwiebeln problemlos, dauernde Nässe aber lässt sie faulen. Suchen Sie deshalb einen regengeschützten Platz unter Dachüberständen aus. Wer in sehr rauen Lagen wohnt, lagert die Zwiebeln während des Winters trocken und kühl im Keller, treibt sie ab März im Haus an und stellt sie ab Mai ins Freie.

Noch mehr schöne Lilien

Neben den Lilien unterstreichen weitere Zwiebelblumen den Orientlook, die aufgrund ihrer Schönheit ebenfalls als „Lilien" bezeichnet werden. Besonders fein gezeichnet sind die Inka-Lilien (*Alstroemeria indica*). Tigerblumen (*Tigridia pavonia*) tragen ein apartes Fleckenmuster in der Mitte ihrer tulpenartigen Blüten.

Ausgewählt: die besten Lilien-Sorten für den Topf

Name	Blüte	Höhe
Orient-Hybriden (hochwüchsig, duftend)		
'Acapulco'	rot, stark duftend	120 cm
'Arena'	weiß-gelb, duftend	140 cm
'Casa Blanca Record'	weiß, stark duftend	130–140 cm
'Chambertin'	rot, duftend	120 cm
'Journeys End'	rot, duftend	160 cm
'La Chic'	rosa, duftend	100 cm
'Muscadet'	weiß, duftend	120 cm
'Nippon'	weiß, duftend	100 cm
Asiatische Hybriden (niedrig, reichblütig)		
'Butter Pixie'	gelb	30–40 cm
'Conneticut King'	gelb	60–80 cm
'Firecracker'	rot	100–120 cm
'Mr. Ed'	weiß-rot	30–40 cm
'Mr. Ruud'	weiß-gelb	30–40 cm
'Paprika'	rot	60–80 cm
'Pink Pixie'	rosa-gelb	30–40 cm

Bunt, bunter, **Buntnessel**

Noch bunter als die Buntnesseln (*Solenostemon scutellarioides*, früher: *Coleus*) kann es kaum eine Topfpflanze treiben. Durch verstärkte Züchtungsarbeit sind in den letzten Jahren viele neue Sorten mit noch farbenfroheren Blättern entstanden. Sie finden Blätter mit zugleich rosafarbenen, roten und gelben Elementen, tiefrote bis fast schwarze Sorten oder solche mit hellrosa Schattierungen. Der Clou: Die Farben sind in absonnigen Lagen am schönsten, die Sonne würde sie ausbleichen. Da man jedoch gerade in Schattenlagen meist Hände ringend nach mehr Farbe sucht, schließen Buntnesseln in idealer Weise die Lücke.

'Stained Glassworks Kiwi Fern'
zeigt im Juni blaue Blüten.

Renaissance eines Klassikers

Schon unsere Großeltern schätzten die Farbenpracht der Nesseln. Doch dann gerieten sie lange Zeit aus der Mode. Mit der zunehmenden Reiselust der Menschen und dem Wunsch, es sich auch zu Hause exotisch einzurichten, erleben die zwei- bis mehrjährigen Stauden eine Renaissance. Halten Sie Erde stets leicht feucht. Stellt man die Töpfe im Winter hell bei 10 bis 15 °C auf, treiben sie ab April neu durch.

Wieder modern: neue Buntnessel-Sorten

Name	Blattfarbe
'Combat'	rotbraun/grün/gelb
'Dark Star'	tiefrot bis schwarz
'Defiance'	gelb-grün mit purpurnen Tupfen
'Juliet Quartermain'	gerüschte Blätter, schokofarben-rosa
'Lifelime'	frischgrün
'Pineapple'	frischgrün
'Red Velvet'	rotbraun
'Sedona'	kupfer- mit purpurfarben
'Sky Fire'	gelb-rot-orange
'Stained Glassworks Copper'	rotbraun mit grünem Rand
'Stained Glassworks Kiwi Fern'	rot mit gelb-grünem Rand
'Stained Glassworks'	grün-braun
'Walter Turner'	braun mit grünem Rand

Tropen-Look mit Blattschmuck

Bambus sorgt mit seinem Blätterwald für grüne Oasen. Auch seine Halme sind dekorativ.

„Die Tropen" sind ein weit gefasster Begriff, mit dem jeder Mensch entsprechend seiner bisherigen Reisen oder Interessen andere Bilder verbindet. Wer in den ostasiatischen Tropen war, wird sich an üppige Bambuswälder erinnern. Wer Südostasien besucht hat, dem bleiben undurchdringliche Dschungelwälder im Gedächtnis, dem Afrika-Reisenden vielleicht weitläufige Bananen-Plantagen. Aber allen Bildern ist eines gemeinsam: Nicht Blüten spielen hier die Hauptrolle, sondern Blätter. Wenn Sie auch zu Hause in eine „Grüne Oase der Ruhe" eintauchen möchten, haben wir hier die passenden Ideen für Sie.

Bambus ist bombastisch

Er ist nicht nur grün, sondern auch groß und vielfältig einsetzbar: als grüner Rahmen auf der Terrasse, als Sichtschutz gegen nahe oder neugierige Nachbarn oder als Klangspiele: die Blätter rascheln im Wind beruhigend und angenehm dezent. „Bambus" ist aber keine einzelne Pflanze, sondern bezeichnet eine große Pflanzenfamilie mit mehreren hundert Mitgliedern. Rund 80 davon sind auch hierzulande kultiviert und im Handel erhältlich. Sie unterscheiden sich durch ihre Wuchshöhe, die Farbe ihrer Blätter und vor allem ihrer Halme, die gestreift, schwarz, rot oder goldgelb sein können. Während die einen kaum 50 cm hoch werden, können andere imposante 10 m erreichen. Im Kübel erreichen die Pflanzen jedoch meist kaum mehr als 3 m („Bonsai-Effekt"). Für den Topfgarten am besten geeignet sind mittelhohe Arten, die sehr kompakt wachsen. Das ist der Fall, wenn die Wurzeln kurze Ausläufer bilden und die neuen Sprosse dadurch eng beisammen liegen. Geeignete, kompakt wachsende Sorten sind *Bambusa multiplex* 'Alphonse Karr', *Phyllostachys bambusoides* 'Holochrysa', *Phyllostachys aureosulcata* 'Spectabilis' oder *Phyllostachys bissetii*. Bunte, grün-gelbe oder grün-weiße Blätter haben beispielsweise *Pleioblastus viridistriatus*, *Hibanobambusa tranquillans* 'Shiroshima', *Pleioblastus variegatus* 'Fortunei', *Sasaella masamuneana* 'Albostriata' oder 'Aureostriata'.

Damit sich Bambus in Töpfen dauerhaft wohl fühlt, müssen diese möglichst groß dimensioniert sein, da sich die Bambuswurzeln rasch und kräftig entwickeln.

Bambus mag keine windigen Plätze, da seine Blätter hier zu schnell austrocknen würden.

Zudem speichern große Töpfe mit reichlich Erde mehr Wasser, das die Riesengräser vor allem im Sommer aufgrund ihrer Blattmasse reichlich benötigen. Düngen Sie die Pflanzen ein Mal pro Woche mit stickstoffbetontem Dünger, z.B. Grünpflanzendünger.

Während des Winters, den viele Arten im Freien verbringen können, da sie bis zu −25 °C vertragen, gilt das Gleiche: Die Erde darf nicht austrocknen, sonst werden die Blätter braun! Schnell schreibt man dies einem „Frostschaden" zu, obwohl das de facto nicht der Fall ist. Versorgen Sie Ihren Bambus im Topf während frostfreier Wetterperioden mit großzügigen Wassergaben, falls die natürlichen Niederschläge nicht

Japanische Faserbananen (Musa basjoo) bleiben schlank.

ausreichen sollten. Vorteilhaft ist darüber hinaus, wenn Sie die Asiaten nicht an einen zugigen Platz stellen, da Wind die Blätter zusätzlich austrocknet und unterkühlt. Ebenso vermeiden sollten Sie Standorte, die stark der Wintersonne ausgesetzt sind. Helle, aber nicht von der Sonne erreichbare Stellen sind ideal.

Bananen sorgen für exotisches Flair

Bananen zählen nicht nur zu den beliebtesten und hierzulande meistverkauften, exotischen Obstsorten. Auch die Pflanzen selbst erfreuen sich großer Beliebtheit.

Riesenblätter – einfach großartig

1 Zier-Bananen
(Ensete)

Pflanze: Ess-Bananen (*Musa × paradisiaca*) locken mit der Aussicht auf leckere Früchte, die jedoch einige Jahre auf sich warten lassen. Zier-Bananen sind mit ihren großen Blättern von Anfang an eine Augenweide, vor allem die rotlaubige Sorte 'Maurelii'.
Standort: Absonnige, aber helle Plätze sind ideal. Volle Sonne würde die Blätter „verbrennen" und ihnen braune Flecken zufügen. Windgeschützte Lagen verhindern, dass die Wedel einreißen.
Pflege im Sommer: Gießen Sie häufig und reichlich: Die Erde sollte stets feucht sein. Zwei Düngergaben pro Monat genügen.
Pflege im Winter: Hell bei 10 bis 24 °C. Erde nicht austrocknen lassen.
Gesundheit: An heißen Standorten verstärkter Befall mit Spinnmilben.

2 Elefantenohr
(Alocasia)

Pflanze: Mit bis zu türgroßen Blättern machen diese langlebigen Stauden ihrem Namen alle Ehre. Aus dem Wurzelstock sprießen immer neue Stiele mit den riesigen, an den Rändern leicht gefalteten Blattspreiten.
Standort: Wie in seiner tropischen Heimat schätzt das Elefantenohr auch hierzulande lichtarme, luftfeuchte Plätze ohne direkte Sonne.
Pflege im Sommer: Halten Sie die Erde stets feucht und übergießen Sie die Blätter: das kühlt und sorgt für die nötige Luftfeuchte. Düngen Sie zwei bis drei Mal pro Monat mit dem Gießwasser zugesetztem Grünpflanzendünger.
Pflege im Winter: Auch dann ist eine hohe Luftfeuchte nötig; 10 bis 24 °C.
Gesundheit: Ist die Luft zu trocken, lassen sich Spinnmilben sommers wie winters nicht lange bitten!

Wichtig ist, dass Sie die wärmebedürftigen Stauden erst ins Freie stellen, wenn die Temperaturen tagsüber und nachts nicht mehr unter 10 °C sinken. Wind reißt die Wedel ein. Die meterlangen Blätter lieben Wärme, scheuen aber die pralle Sonne. Zu viel Licht führt zu Blattflecken („Verbrennungen") und zu einer erhöhten Anfälligkeit für Spinnmilben, dem Hauptschädling an den sonst gesunden Pflanzen. Ist der Standort dagegen halbschattig und luftfeucht, stellt sich dieser Sommerschädling kaum ein. Zusätzlich hilft es, bei jedem Gießen die Blätter abzuduschen – die Kühle und Feuchtigkeit tut den Wedeln gut. Die Erde sollte stets feucht und sehr humos sein. Verwenden Sie Blumenerde, die nur wenig mit dränierenden, mineralischen Bestandteilen durchmischt ist. Mit dieser Pflege sind Bananen prächtige Begleiter, die schon als Einzelpflanzen einem Topfgarten tropisches Flair verleihen. Kombiniert man mehrere Arten, zum Beispiel Japanische Faserbananen (*Musa basjoo*), Ess-Bananen (*Musa × paradisiaca*) und Zierformen wie die rotlaubige Sorte 'Maurelii' von *Ensete ventricosum*, steht der Tropen-Terrasse nichts im Wege.

Bananen blühen nur einmal im Leben. Nach diesem Kraftakt sterben sie ab, haben meist vorher jedoch reichlich Seitentriebe als Ableger gebildet.

Blattschmuck mit Ruder und Schwert

Noch imposanter als das lange, breite Laub der Bananen sind die Blätter der Alocasien und Colocasien, die man ihrer Größe wegen gerne als „Elefantenohren" bezeichnet. Diese beiden Pflanzengattungen sind sehr vielgestaltig. Die größten Blätter bis zur Türgröße bringt *Alocasia macrorrhiza* hervor. Immerhin halb so groß wird das Laub der Taro (*Colocasia esculenta*), deren stärkehaltige Wurzeln in Südamerika zu den Grundnahrungsmitteln zählen. Ihre Blätter und Blattstiele haben einen seidigen, violetten Schimmer, was ihnen ein sehr edles Aussehen verleiht.

Multitalente: Schmucke Blätter, schöne Blüten

1 Helikonie
(Helikonia)

Pflanze: Helikonien sind mit Blatt und Blüte die Königinnen der Tropen und der Traum vieler Pflanzenfans. Hierzulande ist er nicht ganz einfach zu erfüllen. Helikonien brauchen warme, geschützte Standorte, z.B. in Innenhöfen.
Standort: Helikonien gedeihen an hellen, luftfeuchten Plätzen ohne direkte Sonne am besten. Stellen Sie die Töpfe auf Füße oder Regale, wo sie vor Bodenkälte sicher sind.
Pflege im Sommer: Die Erde sollte leicht feucht, aber nicht nass sein. Der Nährstoffbedarf ist gering. Zwei Düngergaben pro Monat genügen.
Pflege im Winter: Bodenwärme ist wichtig, Fußbodenheizung ideal. Auch Fensterbänke über Heizkörpern nutzen, aber für feuchte Luft sorgen.
Gesundheit: Probleme resultieren meist aus Unterkühlung der Wurzeln.

2 Neuseeländer Flachs
(Phormium tenax)

Pflanze: Die schlanken Blätter lassen zunächst an eine Schwert- oder Taglilie denken, vielleicht auch an ein Gras. Sie alle beherrschen aber bei Weitem nicht das Blattfarbenspektrum der neuseeländischen Stauden: ihre Blätter können braunrot, rosarot oder gelb-grün-gestreift sein und je nach Sorte Längen zwischen 50 cm und 300 cm erreichen. Die Blüten sitzen an bis zu 2 m langen Stielen.
Standort: Volle Sonne bringt die Blattfarben so richtig zum Leuchten.
Pflege im Sommer: Trockenheit schadet nicht, Nässe schon. Eine gleichmäßige Versorgung und Dünger alle zehn Tage ist ideal.
Pflege im Winter: Sorgen Sie für einen hellen, kühlen Platz zwischen 0 und 10 °C.
Gesundheit: Selten setzen sich Wollläuse in den Blattansätzen fest.

Ingwergewächse: So schön können Gewürze sein

Ingwer (*Zingiber officinalis*) ist für alle, die gerna mal asiatisch kochen, ein Muss im Gewürzregal oder frisch aus dem Kühlschrank. Doch die würzigen Wurzeln sind nicht das Einzige, was dieses Pflanzen bieten. Zur Familie der Ingwergewächse (Zingiberaceae) zählen schön blühende Arten wie die **Schmetterlingsblume** (Alpinia zerumbet). Ihre weißen Blüten sind bizarr geformt und duften. Ein wahres Duftwunder ist der **Zieringwer** (*Hedychium gardnerianum*). Seine gelben Blüten, aus denen lange, rote Staubfäden herausragen, öffnen sich im Spätsommer. Bis dahin sind

die langen, krautigen Triebe, an denen wechselweise und in Stufen die Blätter sitzen, ein imposanter Schmuck. Ihre Farbe ist tiefgrün und mit gut 2 m Stiellänge ein idealer Rahmen für tropische Terrassen. Sie können von Mitte Mai bis Ende September an windgeschützten Plätzen im Freien bleiben, solange die Temperaturen nicht unter 5 °C sinken. Zur Blütezeit rückt man sie in die Nähe des Betrachters, damit sowohl Blüte als auch Duft nicht unbemerkt bleiben. Binden Sie die Triebe an, damit sie unter ihrem eigenen Gewicht oder bei Windböen nicht knicken.

Desweiteren findet man unter der Pflanzengattung *Costus* einige sehr schön blühende Arten, die sich überwiegend in rosafarbenen bis weißen Farben präsentieren. Diese „Newcomer" verdienen mehr Beachtung, etablieren sich aber erst langsam im Sortiment der Kübelpflanzen-Gärtnereien. Charakteristisch für die Gattung ist der gedrehte Wuchs ihrer Stängel, da die Blätter spiralförmig angeordnet sind. Auch sie schätzen warme, geschützte Plätze in Hauswandnähe. Meiden Sie volle Sonne. Helle, luftfeuchte Standorte sind dagegen ideal.

Mit Blättern, die an Ruder erinnern, ziehen Strelitzien die Blicke auf sich. Während die Paradiesvogelblume (*Strelitzia reginae*) hüfthoch bleibt, erreicht die Baum-Strelitzie (*Strelitzia nicolai*) mehrere Meter Höhe. Sie blüht im Alter weiß-violett.

An Schwerter erinnern die schlanken, aber je nach Sorte über 2 m langen Blätter des Neuseeländer Flachses (*Phormium*). Er setzt damit markante, immergrüne oder - bunte Blickpunkte in roten, grünen oder gelb-grünen Variationen. Die Blütenstände erreichen mehr als Manneshöhe. Die braunroten Blüten stehen waagerecht ab und wirken sehr exotisch.

3 **Paradiesvogelblume**
(*Strelitzia reginae*)

Pflanze: Die ruderförmigen Blätter sind von einem edlen, bläulichen Schimmer überzogen und werden selten mehr als 150 cm lang. Die Blüten kennen viele von Ihnen sicher als Schnittblumen. An den Pflanzen sind sie ebenso lange haltbar und wunderbar exotisch.
Standort: Sonne fördert die Blüte, im Halbschatten finden die langlebigen, immergrünen Stauden aber ebenso ihr Auskommen.
Pflege im Sommer: Der Wasserbedarf ist gering. Die Erde sollte gut abtrocknen, bevor Sie das nächste Mal gießen, sonst könnten die fleischigen Wurzeln faulen.
Pflege im Winter: Eine Überwinterung im Wohnzimmer ist möglich und bringt hier sogar Blüten hervor. Es genügen aber auch 5 bis 10 °C.
Gesundheit: Sicher schädlingsfrei.

4 **Zieringwer**
(*Hedychium gardnerianum*)

Pflanze: Es dauert bis zum Spätsommer, bis der Zieringwer an den Enden seiner beblätterten, mannshohen Stiele intensiv duftende, gelbe Blüten mit gut 20 cm Länge öffnet. Rote Staubfäden, die aus den gelben Blüten herausragen, verleihen dem Flor ein elegantes Aussehen.
Standort: Da die Tropengewächse feuchte Luft lieben, sind vollsonnige Plätze zu meiden. Besser sind teil- oder absonnige, warme Lagen.
Pflege im Sommer: Sie brauchen nur wenig wässern. Die Erde darf zwischen zwei Gießgängen weitgehend abtrocknen. Flüssigdünger im Zehn-Tages-Rhythmus genügt.
Pflege im Winter: Bodenwarme Plätze zwischen 5 und 20 °C werden akzeptiert. Unter 8 °C zieht das Laub ein. Der Wasserbedarf sinkt deutlich.
Gesundheit: Schädlingsfrei.

Canna kann 's: *Indisches Blumenrohr*

Das Indische Blumenrohr schätzt sonnige, warme Plätze, aber ohne stauende Hitze und Lufttrockenheit.

Obwohl sie den Namen „Indisches Blumenrohr" (*Canna indica*) tragen, stammen die langlebigen, bis zu 1,50 m hohen Stauden ursprünglich aus Süd- und Mittel-Amerika. Ihre dicken Wurzeln (Rhizome) sind fleischig und lassen die Triebe dicht an dicht sprießen. Werden die Horste in den Pflanzgefäßen zu kompakt, teilt man sie im Herbst vor dem Einwintern und setzt nur Teilstücke in die Gefäße zurück. Von anhaftender Erde befreit, lagert man die frostempfindlichen Wurzeln ab Oktober in einem kühlen Kellerraum zwischen 2 und 10 °C. Sie werden nicht gegossen und sollten locker nebeneinander liegen, um Fäulnis zu verhindern. Sortieren Sie schadhafte Rhizome rechtzeitig aus, damit gesunde Wurzelstöcke nicht infiziert werden.

Die Canna-Sorte 'Goldfinger' hat die Lizenz zum Blattfärben.

Blätter, schön wie ein Gemälde

Obwohl auch ihre roten, orangefarbenen oder gelben Blüten prachvoll und leuchtstark sind, fällt das Indische Blumenrohr vor allem durch die feine Zeichnung seiner Blätter auf, die sich ab Mai rasch und kraftvoll entwickeln und mit verschiedenfarbigen Linien durchzogen sind. Bei rotlaubigen Sorten kann die Blütenfarbe sogar störend wirken, da sie nicht mit dem Laub harmoniert. Doch dafür gibt es eine Lösung: Schneiden Sie die Blütenstängel einfach ab: Sie sind ein haltbarer und wunderschöner Schmuck für die Vase!

Die schönsten Cannas für den Topfgarten

Name	Blattfarbe	Blütenfarbe, Höhe
'Amerika'	rotbraun	rot, 1,40 m
'Black Night'	rotbraun	dunkelrot, 80 m
'Brilliant'	grün	rot, 80 cm
'Eureka'	grün	weiß, 1,50 m
'Fire Bird'	grün	orange, 80 cm
'Goldfinger'	grün-gelb gestr.	orange, 1 m
'Lucifer'	grün	rot, gelb gerandet, 50 cm
'Marvel'	grün	orange, gelb gerandet, 1 m
'Opera la Boheme'	grün	rosa, 50 cm
'Picasso'	grün	gelb mit roten Punkten, 1 m
'Richard Wallace'	grün	gelb, 1 m
'Salmon Pink'	grün	rosa, 80 cm
'Tropicanna' (Abb. re.)	rot-grün-gelb gestr.	orange, 80 cm
'Verdi'	rotbraun	lachsfarben, 80 cm
'Wyoming'	rotbraun	orange, 1,40 m

Tropenkönigin **Hibiskus**

Wer üppige, auffällige Blüten schätzt, kommt am Hibiskus auf Dauer weder im Garten, noch im Winter-, Terrassen- oder Zimmergarten vorbei. Die bis zu 18 cm großen Blüten haben ihre Hoch-Zeit im Hochsommer, wenn es warm und hell ist. Jede Blüte hält mehrere Tage, während sich immer neue Knospen bilden. Leider lassen sich darauf gerne Blattläuse nieder und trüben die Pracht. Mit einem scharfen Wasserstrahl können Sie jedoch schon viele der Übeltäter vertreiben. Wichtig ist, dass die Pflanzen vital bleiben – umso uninteressanter sind sie für Schädlinge. Dabei hilft eine stets leicht feuchte, aber nicht über längere Zeit nasse Erde und eine Gabe Flüssigdünger jede Woche. Der Standort sollte sonnig, aber nicht heiß sein, die Luft muss stets sanft in Bewegung bleiben.

Mehr Hibiskus – kein Problem!

Dafür gelingt die Vermehrung bei Hibiskus umso einfacher: Triebspitzen bewurzeln sich binnen weniger Wochen in Anzuchterde, wenn Sie für stetig feuchte Luft und Bodenwärme sorgen. Belassen Sie an den gekappten Trieben maximal zwei Blätter an der Spitze, die übrigen werden entfernt.

Die Schönheit des Einfachen

Natürlich locken die ausgefallenen Sorten ganz besonders, doch die einfachen blühen vielfach üppiger und länger. Dicht gefüllte Sorten verkleben bei Regen leichter und werden fleckig. Tipp: Rote Sorten sind generell robuster als gelbe.

Hibiskus für jede Gelegenheit

Deutscher Name	Blüte
'Alicante'	rot, einfach, 10 cm
'Bali'	weiß-rosa, einfach, 16 cm
'Big Surprise'	rot-orange, einfach, 14 cm
'Butterfly'	gelb, einfach, 14 cm
'Cherie'	apricot, einfach, 12 cm
'Fantasia'	weiß-pink, einfach, 10 cm
'Golden Queen'	apricot, einfach, 16 cm
'Hawaian Girl'	gelb, einfach, 14 cm
'John F. Kennedy'	apricot, einfach, 14 cm
'Kissed'	rot, einfach, 10 cm
'Madonna'	hellgelb bis weiß, einf., 16 cm
'Orchid White'	weiß, einfach, 14 cm
'Royal Yellow'	gelb-rot, einfach, 14 cm
'Salmon Beauty'	apricot, einfach, 14 cm
'Scarlet Giant'	orange, einfach, 16 cm
'Single Yellow'	gelb, einfach, 12 cm

Im Trend: **American Style** im Topfgarten

Was bei anderen Topfpflanzen die Blüten, sind bei Gräsern die Ähren im Herbst: Glanzpunkte.

Welche Bilder erscheinen vor Ihrem geistigen Auge, wenn Sie an Nordamerika denken: an Metropolen wie New York, an die Strände Floridas oder die verschneiten Gipfel der Rocky Mountains? Amerika ist ungeheuer vielfältig, aber nichts bedeckt so weite Teile wie die Prärien, die vielfach vom Getreide- und Maisanbau unterbrochen werden. Das Typische für die scheinbar unendlichen Graslandschaften ist das sanfte Wogen der Halme im Wind. Für wenige, aber umso markantere Farbtupfer dazwischen sorgen Wildblumen, die sich mit kräftigen Gelb- oder Rottönen vom Meer der ockerfarbenen oder grünen Gräser absetzen.

Hierzulande zählen Gräser immer noch zu den späten Highlights im Herbst. Im Frühling und Sommer bleiben sie im Topfgarten dagegen eher unbeachtet. Dabei bieten Gräser das ganze Jahr ein Fülle gestalterischer Möglichkeiten!

Gräserschmuck im Sommer

Im Sommer können Sie mit der reichhaltigen Palette von „Bunthalmigen" ohne den Aufwand bunter Blüten für Hingucker sorgen. Hierzu zählt die Pfeifengras-Sorte *Molinia caerulea* 'Variegata' oder das Bunte Rohr-Glanzgras *Phalaris arundinacea* 'Picta'. Letzeres ist in Töpfen besonders gut aufgehoben, da es im Garten weit streichende Wurzelausläufer bilden und sich überall verbreiten würde. Im Topfgarten aber kann man seine weiß-grün gestreiften Blätter sorglos genießen. Die Weißgestreifte Vogelfuß-Segge (*Carex ornithopoda* 'Variegata') wird zwar nur 20 cm hoch, wächst aber in dichten Polstern, die sich in kleinen Gefäßen wunderschön machen. Gleiches gilt für Blau-Schwingel (*Festuca cinerea*) und Schaf-Schwingel (*Festuca ovina* 'Blaufuchs'), die mit ihren stahlblauen Halmen kompakte Halbkugeln formen und in Einzelgefäßen ideal in moderne Topfgärten passen.

Ebenfalls im Sommer ist die Hoch-Zeit des manns- oder übermannshohen China-Schilfs (*Miscanthus sinensis*). Besonders auffällig sind die quer (!) gestreiften Halme der Sorten 'Stricus' und 'Zebrinus', wobei die Färbung der letzteren weniger intensiv ist. Wer Gräser als Sichtschutz einsetzen möchte, setzt auf das Riesen-Chinaschilf (*Miscanthus floridulus*), das in entsprechend großzügigen Töpfen ab 50 l Fassungsvermögen zu 3 m hohen Horsten heranwächst.

Doch nicht nur die Halme sind es, die Gräser attraktiv für die Sommerterrasse machen. Viele zeigen ab Juli ihre attraktiven Blütenstände, Ähren genannt. Das Silberährengras (*Achnatherum calamagrostis*) trägt weiße Ähren, die im Sonnenlicht silbern schimmern. Das Moskitogras (*Bouteloua gracilis*) ist zwar nur 10 cm klein, zeigt aber Ähren, die an Schoten erinnern und wie Wimpel im 90°-Winkel von den Halmen abstehen – ein Kleinod, das sich als Tischschmuck für die Terrasse eignet. Das Flaschenbürstengras (*Hystrix patula*) zeigt filigrane Blütenstände, die an die namensgebenden Haushalts-Reinigungsgeräte erinnern.

Herbststimmung mit filigranen Gräsern

Für die klassische Gräserzeit im Herbst folgen weitere Arten mit schmucken Ähren. Besonders hervorzuheben ist das Lampenputzergras (*Pennisetum alopecuroides*), das mit seinen samtweichen Ähren die Nachfolge des Flaschenbürstengrases antritt. Prachtvoll sind die schneeweißen Ähren des Pampasgrases (*Cortaderia selloana* 'Sunningdale Silver'). Im Topf ist es jedoch nicht winterfest. Man stellt es während der kalten Jahreszeit in eine gerade frostfreie Garage, wo es obendrein vor der schädlichen Winternässe geschützt ist. Auch das Goldbartgras (*Sorghastrum*) bietet mit seinem rotbraunen Ährenschmuck einen attraktiven Blickpunkt im Herbst. Andere Gräser legen sich statt schicker Ähren ein buntes Herbstkleid zu. Das Goldleistengras (*Spartina pectinata* 'Aureomarginata'), dessen Blätter im Sommer nur gelb gerandet sind, färbt sich im Herbst komplett leuchtend gelb. Auch das Riesen-Pfeifengras (*Molinia arundinacea*) ist ab Oktober auffällig gelb, wenn es erst einmal Fuß in einem möglichst großen Pflanzgefäß gefasst hat. Die Kupfer-Hirse (*Panicum*

Gräser von ihrer schönsten Seite

1 Bronze-Segge
(*Carex comans*)

Pflanze: Mit ihren bronzefarbenen Halmen, die elegant überhängen, ist die langlebige Bronze-Segge immer top frisiert. Ähnlich, aber mit etwas geringerer Halmlänge präsentiert sich *Carex petriei* 'Bronze Form'. Die Herbst-Segge (*Carex testacea*) legt sich im Herbst ein rostrotes Kleid zu, im Sommer ist sie aber saftig grün.
Standort: Je sonniger der Platz, umso intensiver die Tönung.
Pflege im Sommer: Trockenheit vertragen die schmucken Gräser besser als Nässe. Lassen Sie die Erde gut abtrocknen und verwenden Sie durchlässige Substrate, die reichlich Lavagrus, Blähtonbruch oder groben Sand enthalten.
Pflege im Winter: Da die Gräser im Topf nicht hundertprozentig winterhart sind, holt man sie ins Haus.
Gesundheit: Nässe führt zu Fäulnis.

2 Hasenschwanzgras
(*Lagurus ovatus*)

Pflanze: Die feinen Grannen dieser einjährigen Gräser erinnern tatsächlich an die Puschelschwänze der Nagetiere. Die schmalen Blätter werden ca. 20 cm lang, die Blüten 40 cm. Sie erscheinen unermüdlich von Juni bis August.
Standort: Sonne ist willkommen, teilsonnige Lagen werden toleriert. Die Pflanzerde sollte gut durchlässig und reichlich mit grobem Sand durchmischt sein.
Pflege im Sommer: Lassen Sie keine Nässe aufkommen. Regnet es regelmäßig, brauchen Sie im Grunde gar nicht gießen. Dünger ist Nebensache. Klassischerweise sät man das kurzlebige Ziergras Ende April direkt ins Freie. Alternativ sät man im August vor und überwintert es frostfrei.
Pflege im Winter: Siehe oben.
Gesundheit: Schädlingsfrei.

Schneiden Sie Gräser im Herbst nicht zurück. Die Halme sind ein natürlicher Frostschutz für die Wurzeln und sehen obendrein attraktiv aus.

virgatum) taucht ihre Blattspitzen zunächst in ein dunkles Braunrot, mit sinkenden Temperaturen gehen diese dann in flammendes Kupferrot über. Die Fuchsrote Segge (*Carex buchananii*) entwickelt ganzjährig rotbraune, rund 40 cm lange Halme, die sich mit zunehmender Sonneneinstrahlung fuchsrot färben können.

Winterzauber im Gräser-Topfgarten

Nun sind es die wintergrünen Arten, auf die man gar nicht mehr verzichten möchte, sobald man ihre Qualitäten einmal schätzen gelernt hat. Hierzu zählen Bärenfell-Schwingel (*Festuca gautieri*), Breitblatt-Segge (*Carex plantaginea*) oder Schnee-Marbel (*Luzula nivea*). Sie bleiben bis Januar grün, um bereits ab März wieder frisch durchzutreiben. Nicht immergrün, aber „immerblau" sind Blau-Schwingel (*Festuca cinerea*), Blaustrahlhafer (*Helictotrichon sempervirens*) und Strandhafer (*Leymus arenarius*). Erst ab Januar mit dem Einsetzen strenger Dauerfrostperioden färben sich ihre Halme hellbraun und legen nur eine sehr kurze Pause ein, bevor im Frühjahr wieder das erste „frische Blau" durchtreibt. Aber selbst das welke Laub sieht noch sehr attraktiv aus: wenn es von frischem Raureif überzogen in der Morgensonne glitzert oder sobald sich die Halme unter der zarten Last frisch gefallener Schneeflocken anmutig herabneigen.

Weder grün noch blau, sondern bunt während des ganzen Jahres sind Gelbrandige Wald-Marbel (*Luzula sylvatica* 'Marginata') und Weißbunte Japan-Segge (*Carex morrowii* 'Variegata').

Symbolträger der amerikanischen Prärie

1 **Zittergras**
(Briza)

Pflanze: Das einjährige Zittergras (*Briza maxima*, im Bild) bringt im Juli und Juli die mit Abstand größten Ähren hervor, die im Wind leise rascheln. Kleinblütiger, aber dafür winterhart ist *Briza media*. Die kürzeren, oben abgerundeten Ähren haben ihm den Spitznamen „Herzerlgras" eingetragen. Beide erreichen im Schnitt 30 bis 40 cm.
Standort: Sonne ist den dichten, aber feinhalmigen Horsten am liebsten, doch nehmen sie auch mit teilsonnigen Plätzen vorlieb.
Pflege im Sommer: Von allem etwas und von nichts zu viel ist das rechte Maß. Düngen Sie zwei Mal im Monat.
Pflege im Winter: Entfällt bei der einjährigen Art, die man ab Ende März direkt ins Freie sät. Winterharte Arten bleiben ohne Schutz draußen.
Gesundheit: Schädlingsfrei.

2 **Mähnengerste**
(Hordeum jubatum)

Pflanze: Gerste als Getreide trägt schon lange Grannen, aber die sind nichts im Vergleich zur 60 bis 70 cm hohen Mähnengerste. Die Ähren dieser einjährigen Gräser glitzern von Juni bis August in der Sommersonne.
Standort: Verwenden Sie durchlässige, mit Kieselsteinen durchsetzte Pflanzerde und wählen Sie vollsonnige, gerne auch heiße, Plätze.
Pflege im Sommer: Die Erde sollte eher trocken als nass gehalten werden: der goldene Mittelweg ist das Idealmaß. Gedüngt wird sechs Mal von der Aussaat Ende April bis zum Frost, der das Ende der Einjährigen bedeutet. Wer die Ähren vorher trocknet, kann sie wie das Zittergras für Trockengestecke nutzen.
Pflege im Winter: Entfällt.
Gesundheit: Probleme treten nur bei Dauernässe und Wurzelfäulnis auf.

Von Sonnenhut, Sonnenbraut und Sonnenröschen

Der „American Style" verlangt nach Topfpflanzen mit sonnigem Gemüt. Favoriten sind diejenigen mit gelben, roten oder orangefarbenen Blüten. Wer einen Garten hat, kann es sich einfach machen: Graben Sie im Herbst einige der langlebigen Stauden aus und trennen Sie Teilstücke davon ab. In Gefäße gesetzt, wachsen sie zu Topfpflanzen heran, die den Winter draußen verbringen können. Besonders robust sind der gelbe Sonnenhut (*Rudbeckia fulgida* var. *sullivantii* 'Goldsturm') und der Purpur-Sonnenhut (*Echinacea purpurea* 'Magnus'). Beide blühen unermüdlich von Juni bis September auf rund 80 cm hohen Stielen. Die Sonnenbraut (*Helenium*) mit Sorten wie der gelben 'Goldrausch' oder der roten 'Moerheim Beauty' sind ebenso fleißige Sommerblüher. Klein, aber blühgewaltig sind die Sonnenröschen (*Helianthemum*), die man wegen

Sommerlaune mit Sonnenhüten, -bräuten und -blumen.

ihrer herabhängenden Triebe am besten am Rand von Töpfen oder Kästen setzt. Einjährige Topfpflanzen begleiten die sonnigen Sets, allen voran die Sonnenblumen (*Helianthus annuus*) in einer Vielzahl von Sorten, gelbe Chrysanthemen (*Chrysanthemum multicaule*, *C. segetum*), Schöterich (*Erysimum × allionii*) oder Kalifornischer Mohn (*Eschscholzia californica*).

3 Kokardenblume
(Gaillardia-Hybriden)

Pflanze: Die Farbenkraft dieser rund 30 cm hohen, kurzlebigen Sommerblumen ist genau das Richtige, um die Sonnenuntergänge des Amerikanischen Kontinents einzufangen – schließlich liegt im dortigen Westen und Kanada ihre Heimat. Die Blüte dauert von Juli bis September an.
Standort: Wenn Kokardenblumen wählen könnten, würden sie immer in der Sonne wachsen.
Pflege im Sommer: Die Erde sollte keinesfalls über längere Zeit nass stehen. Sonst tritt Wurzelfäulnis auf. Vorbeugend sollten Sie reichlich mineralische Anteile in die Pflanzerde mischen, damit sie gut dräniert ist. Die Saat wird ab April vorgezogen.
Pflege im Winter: Da die Pflanzen im ersten Jahr am besten blühen, lohnt die mögliche Überwinterung nicht.
Gesundheit: Gelegentlich Blattläuse.

4 Mädchenauge
(Coreopsis)

Pflanze: Mit acht bis zehn Wochen Blütezeit macht im Topfgarten das einjährige Färber-Mädchenauge (*Coreopsis tinctoria*, im Bild) meist das Rennen. Ihre frostfesten Schwestern (*C. grandiflora*, *C. lanceolata*, *C. verticillata*) blühen meist kürzer, dafür aber jedes Jahr wieder.
Standort: Mädchenaugen brauchen nur drei Dinge: Sonne, Sonne und Sonne. Ohne sie ist die Blüte mager.
Pflege im Sommer: Die Pflege ist einfach, sollte aber möglichst konstant erfolgen. Schwankungen der Erdfeuchte werden mit einer stockenden Blüte beantwortet.
Pflege im Winter: Die mehrjährigen Arten bleiben ungeschützt im Freien. Die Einjährigen sät man ab April im Haus vor und stellt sie ab Mai hinaus.
Gesundheit: Schädlinge wie Blattläuse oder Schneckenfraß sind selten.

Wüstenflora: Topfgärten für *Faulenzer*

Sie möchten ein Pflanzenparadies genießen, ohne aber jeden Tag gießen und pflegen zu müssen? Dann sind wasserspeichernde Pflanzen, „Sukkulente" genannt, das Richtige für Sie. Und damit sind keineswegs nur stachelige Kakteen gemeint. Die facettenreiche Welt der Wüstenpflanzen bietet eine Fülle von Möglichkeiten.

Von Agave bis Aloe

Auch bei den Agaven denken sicher viele von Ihnen zuerst an harte Blattspitzen und Widerhaken mit Verletzungsrisiko, da hierzulande meist die Amerikanische Agave (*Agave americana*) kultiviert wird. Die Gattung der Agaven bietet jedoch über 50 Arten mit zahlreichen, unbewehrten Vertretern. Einer der schönsten davon ist sicherlich die Drachenbaum-Agave (*Agave attunuata*, Seite 36). Zwar mit eingetrockneten Blattspitzen, aber nicht mit Dornen an den Blatträndern behaftet, sind Königs-Agave (*Agave victoria-reginae*), Schmalblättrige Agave (*Agave angustifolia* 'Marginata'), Faden-Agave (*Agave filifera*) oder *Agave striata*.

Für Einsteiger leicht mit den Agaven zu verwechseln ist die Aloe (*Aloe*). Der Unterschied liegt in der Blüte: Während Agaven nach der imposanten Blüte absterben, blüht die Aloe jedes Jahr erneut – und das im Spätwinter! Zu den „unbewaffneten" Arten mit schöner Musterung gehört die Tiger-Aloe (*Aloe variegata*). Die Echte Aloe (*Aloe vera*), die sich als Heil- und Kosmetikpflanze großer Beliebtheit erfreut, trägt wie die Kandelaber-Aloe (*Aloe arborescens*) zwar Zähnchen auf den Blatträndern. Sie sind jedoch vergleichweise weich und verursachen in der Regel keine Hautverletzungen. Ob nun mit oder ohne Bewehrung: Allen gemeinsam ist die Liebe zur Sonne und die Abscheu vor Wasser. Gießen Sie im Sommer in größeren Abständen reichlich, aber lassen Sie die Erde zwischenzeitlich gut abtrocknen. Gießt man zu wenig, werden die Blätter rötlich und runzlig. Wässert man zu viel, fangen Wurzeln und Blattansätze bald an zu faulen.

Kaktus & Co.

Obwohl sie von unterschiedlichen Kontinenten stammen, ist es im Einzelfall nicht einfach, Kakteen (Cactaceae) und Wolfmilchsgewächse (Euphorbiaceae) sicher auseinanderzuhalten. Schließlich ist die Zahl der Arten so groß, dass man automatisch zum Sammler wird, sobald man sich näher mit ihnen befasst. Für die meisten Terrassengärtner stellt sich eine ganz andere Frage: Die meisten Kakteen samt Verwandtschaft werden als sehr kleine Pflanzen angeboten. Da sie sehr langsam wachsen, steigt der Preis mit zunehmender Größe der Pflanzen rasch an. Wer wenig pflegen möchte, sollte sich

Inmitten stattlicher Sukkulenten entspannen.

Steinbrech „in Schale geworfen".

Kakteen werden im September zunehmend weniger gegossen, ab Oktober gar nicht mehr. Erst im April beginnt man die Menge langsam zu steigern.

aber dennoch für wenige, dafür aber schöne und hochpreisigere Einzelexemplare entscheiden. Trotz Zeitmangel kann man sich immer noch ausreichend um sie kümmern. Das Ein- und Ausräumen im Herbst und Frühling, bei dem man sich vor den Stacheln hüten muss, bleibt überschaubar. Stellen Sie Kakteen im April nicht direkt in die pralle Sonne, sonst holen sich die Wüsten-Gesellen einen Sonnenbrand: Die Zeit im Winter hinter Glasscheiben hat sie vor der Einstrahlung abgeschirmt und sie sind keine UV-Strahlung mehr gewohnt. Stellen Sie Ihre Schützlinge deshalb zunächst etwa zwei Wochen beschattet auf, oder sorgen Sie mit Markisen, Sonnen- oder Regenschirmen für gemäßigten Sonnengenuss.

Die wunderbare Welt der Wurze

Sukkulent sind aber nicht nur Arten aus fernen Ländern. In Europa und Asien sind viele frostfeste Vertreter zu Hause, von denen die meisten aus Gebirgsregionen stammen. Sie kennen die kleinen Blattrosetten sicher aus dem Steingarten: Hauswurz (*Sempervivum*), Fetthenne (*Sedum*) und Steinbrech (*Saxifraga*) brauchen kaum Erde, um zu gedeihen. Ihnen genügt etwas Substrat in einer flachen Schale, in einer Steinmulde oder auf einer Dachpfanne. Was sie zum Leben an Wasser und Nährstoffen benötigen, fangen sie auf, wenn sich die Gelegenheit bietet, und spei-

Trockenkünstler mit Pflegeleichtigkeits-Garantie

1 Elefantenfuß
(Beaucarnea recurvata)

Pflanze: Mit den Jahren wird die Basis der Stämme immer dicker, an der Spitze bleibt ein Schopf schmaler, grasartiger Blätter erhalten, die sich elegant kräuseln und oft bis zum Boden herabreichen.
Standort: Wie alle Wüstenpflanzen Nord- und Mittelamerikas schätzen die Mexikaner vollsonnige, gerne heiße Plätze und sind für Südterrassen bestens geeignet. Da sie trockene Luft vertragen, sind sie jedoch ebenso dankbare Dauergäste in Wohnräumen und Wintergärten.
Pflege im Sommer: Bei regelmäßigen Wassergaben ist das Laub tiefgrün, bei Trockenheit wird es fahlgelb. Dosieren Sie die Gießmenge so, wie Sie die Blattfarbe bevorzugen.
Pflege im Winter: Helle Plätze über 10 °C wählen, sonst fault der Stamm.
Gesundheit: Schädlingsfrei.

2 Drachenbaum-Agave
(Agave attenuata)

Pflanze: Mit ihren weichen, blaugrünen Blättern, die keine harten Blattspitzen oder Zähne an den Rändern tragen, ist diese Art so sanftmütig wie kaum eine andere Agave. Die Blütenstände sind mit 1,5 bis 2 m Höhe ebenso imposant wie die ihrer bekannten Verwandten, der Amerikanischen Agave (*Agave americana*).
Standort: Sonne ist das Lebenselexier für die Mexikaner. Im Frühjahr muss man sie jedoch langsam an die Sonneneinstrahlung gewöhnen.
Pflege im Sommer: Gießen Sie bei Gelegenheit, wenn Sie gerade daran denken. Trockenheit schadet nicht, Nässe schon. Verwenden Sie keine stauenden Übertöpfe oder Untersetzer. Dünger 1 x im Monat genügt.
Pflege im Winter: Hell über 8 °C stellen und kaum gießen.
Gesundheit: Schädlingsfrei.

3 Aloe
(Aloe)

Pflanze: Obwohl Aloe in den Spätwintermonaten üppig und farbenfroh blühen, sind sie mit ihrem Blattschmuck ganzjährig ein Hingucker. Das trifft vor allem auf buntlaubige Arten zu wie die Gestreifte Aloe (*Aloe striata*, im Bild), die Tiger-Aloe (*Aloe variegata*), die ein Tigerfell-Muster trägt oder die Begrannte Aloe (*Aloe aristata*), die weiße Punkte auf ihre fleischigen Blättern zeichnet.
Standort: Sorgen Sie für volle Sonne.
Pflege im Sommer: Obwohl die Blätter Wasser speichern, ist der Bedarf deutlich höher als bei Kakteen. Gießen Sie in größeren Abständen, dann aber so, dass die Erde nass ist.
Pflege im Winter: Ist es zu kalt, fault die Blattbasis und das Innere läuft aus. Helle Plätze über 8 °C sind richtig.
Gesundheit: Selten Wollläuse, aber eigentlich schädlingsfrei.

chern es in ihren fleischigen Blättern, die sich mit einer festen Haut vor Verdunstung schützen. Mit dem „Hauswurz-Clan" lassen sich herrlich individuelle Pflanzgefäße gestalten oder Schuhe bepflanzen, die zu tragen sich nicht mehr lohnt. Die Erde deckt man mit kleinen Steinchen ab. Das sieht nicht nur schön aus, sondern schützt die der Erde aufliegenden Blätter winters wie sommers vor zu viel Nässe. Ständig nasse Erde ist das Einzige, was Wurze schreckt: dann faulen sie.

Trockenkünstler im Palmen-Format

Pflanzen haben diverse Strategien entwickelt, um mit Mangelsituationen zurechtzukommen. Eine davon ist das Anlegen von Vorräten, wie es die Sukkulenten oder der Elefantenfuß (*Beaucarnea recurvata*, Seite 36) tun. Eine andere besteht im Sparen: Wer erst gar nichts verbraucht, muss auch nicht für Nachschub sorgen. Diese Strategie verfolgen viele Schopfpflanzen, die man wegen ihres Wuchses mit Stamm und Blattbüschel gerne zu den „Palmen" zählt. Besonders viele und attraktive Vertreter, die sich in Töpfen wohlfühlen, findet man unter den Palmlilien (*Yucca*). Edel wirkt das stahlblaue Laub von *Yucca rostrata*. *Yucca brevifolia* ist besser unter dem Namen „Yoshua-Tree" bekannt. Der bizzar wirkenden, baumförmig verzweigten Art ist in den USA ein eigener Nationalpark gewidmet. Sehr feine, blaugrüne Blätter entwickelt *Yucca linearifolius*. Im Sommer schmücken sich alle Yucca-Palmen mit 50 bis 80 cm langen Blütenständen, an denen sich hunderte, weißer Blütenglocken öffnen. Danach sterben die Pflanzen nicht ab, sondern sie verzweigen sich meistens. An Pflegearbeiten fällt lediglich das Ausschneiden der braun gewordenen, untersten Blätter an.

4 Yucca-Palme
(*Yucca rostrata*)

Pflanze: Diese Art ist die eleganteste unter diesen robusten Liliengewächsen, da sich ihre festen Blätter zu akkuraten, stahlgrau gefärbten Schöpfen gruppieren.
Standort: Volle Sonne sind die extrem langsamwüchsigen Immergrauen aus ihrer Heimat gewohnt. Verwenden Sie zum Pflanzen Kakteen-Erde und stellen Sie die Töpfe regengeschützt auf.
Pflege im Sommer: Gießen Sie sehr sporadisch. Da die Pflanzen ohne Wurzeln importiert werden und hierzulande erst langsam anwachsen, ist die Wasseraufnahme sehr gering. Erst gut durchwurzelte Exemplare benötigen normale Gießmengen.
Pflege im Winter: Einen sehr hellen, kühlen Platz bei 0 bis 10 °C wählen. Von Oktober bis März nicht gießen.
Gesundheit: Schädlingsfrei.

Moderne Exoten: Gäste vom anderen Ende der Welt

Hart wie Eisen und schön wie eine Grazie

Eine der Kübelpflanzen mit dem Prädikat „trendy" stammt aus Neuseeland und Australien: der Eisenholzbaum (*Metrosideros excelsa*). Die Dichte seines Holzes ist so hoch, dass es im Wasser nicht schwimmt. Als Zierpflanze machen sich die dichten Sträucher einen Namen, weil sie mit ihrem weichen, grauen Laub ganzjährig gut aussehen. Im Mai schmücken sie sich mit feuerroten Pinselblüten.

Die Immergrauen brauchen viel Wasser, nehmen es aber keineswegs übel, wenn man sie mal vergisst, sondern zeigen mit schlappen Blättern den Mangel rechtzeitig an. Schädlinge sind kein Thema. Der Standort kann sonnig bis halbschattig sein.

Samtweich wie ein Känguru-Pfötchen

Das Känguru-Pfötchen (*Anigozanthos*) ist eine ungewöhnliche Kübelpflanze mit besonderem Charme. Mit ihren schmalen, in büscheligen Horsten wachsenden Blättern erinnern die Stauden zunächst an Gräser. Wenn sich im Hochsommer jedoch die bis zu 1 m langen Blütenstiele emporheben und ihre gelben, roten, braunen oder orangefarbenen Blütenstände präsentieren, verraten sie ihre fremdländische Herkunft. Die Blüten sind röhrenförmig und rau behaart. Ihre Form erinnerte ihre Entdecker offenbar an die Tatzen der gleichnamigen Beuteltiere des australischen Kontinents. Nur mäßig düngen; während des frostfreien Überwinterns wenig gießen.

Blütenfeuerwerk drei Mal pro Jahr

Zylinderputzer (*Callistemon*) zeigen ihre Blüten nicht nur ein Mal, sondern oft drei Mal pro Saison. Und das in vorwiegend feuerroten Tönen. Es gibt jedoch auch gelbe, weißliche und rosafarbene Varianten. Je nach Überwinterung bei 0 bis 10 °C blühen die Immergrünen mit ihren derben Blättern im Mai das erste Mal, im Juli ein zweites und im September ein drittes Mal. Nach der Blüte sollte man die Zweige einzukürzen, da sich sonst Samen bilden, die an den Zweigen haften und die Blattentwicklung unterbinden. Dadurch würden jeweils rund 10 cm lange Zweigpartien dauerhaft kahl bleiben.

Schön bizarr: Australische Silbereichen

Mit ihrem nadelartig schmalen Laub wirken viele der Australischen Silbereichen (*Grevillea*) auf den ersten Blick wie Heidekräuter. Ihre Blüten, die früh im Jahr ab Februar erscheinen, beweisen jedoch ihre fremde Abstammung. *Grevillea semperflorens* blüht weit länger als vier bis sechs Wochen und zeigt auch während der Sommermonate ihre „Krallen". Wer außergewöhnliche Blütenpflanzen mag, sollte auf die kleinen Büsche nicht verzichten. Sie kommen in der Regel ohne Schnitt aus, da sie von Natur aus sehr kompakt wachsen. Feuchtigkeitsschwankungen tolerieren sie gut. Düngen Sie nur ein Mal pro Monat, vorzugsweise phosphatarm.

Edel wie Seide: stattliche Seidenbäume

Im Gegensatz zu den anderen hier vorgestellten, zumeist strauchigen Arten wächst der Seidenbaum (*Albizia julibrissin*) entsprechend seines Namens baumförmig. Auch ein regelmäßiger Rückschnitt bewegt ihn in den ersten Jahren nicht zum Verzweigen. Die sommergrünen Fiederbäume bilden zunächst einen hohen Stamm, bevor sie sich zu breiten, schirmförmigen Kronen auffächern. Im Hochsommer schmücken sich die asiatischen Gäste mit rosafarbenen Pinselblüten. Sie bestehen nur aus Staubfäden, die an der Basis weiß sind und sich nach außen rosa durchfärben. Halten Sie die Erde stets konstant feucht. Wechsel vertragen sie schlecht.

IDEEN FÜR SIE

Calliandra: Blüten wie Kosmetikpinsel

Die Blüten der Puderquastensträucher (*Calliandra*) sind so weich, dass man gar nicht umhin kommt, sie zu berühren. Je nach Art sind sie weiß (*C. portoricensis*), rot (*C. tweedii*) oder rosa (*C. surinamensis*). Sie tragen millimeterfein gefiederte Sommerblätter, die ihre Eleganz unterstreichen. Im Gegensatz dazu sind die Blätter der rechts abgebildeten Art *Calliandra emarginata* viel größer. Die Blüten stehen in Gruppen am Ende der Zweige zusammen. Der Flor erstreckt sich über vier bis sechs Wochen im Hochsommer, ist aber eher dezent und nicht überreich wie bei anderen Kübelpflanzen, aber umso eleganter!

Sommer, Sonne, **Nordseestrand**

Wer statt des heißen Südens die nördlichen Gefilde schätzt und gerne an Nord- oder Ostsee Urlaub macht, kann sich Abbilder davon im Miniaturformat nach Hause auf die eigene Terrasse holen.

Kühle Töne und klare Farben

So kühl wie der nordische Sommer, sind auch die Farben, die ihn repräsentieren. Allen voran natürlich Blau in allen Nuancen von hellem Himmelblau bis zu tiefen Ozeanblau. Zu den Klassikern im blauen Kübelgarten gehören unter den winterharten Pflanzen in erster Linie die Hortensien (*Hydrangea macrophylla*), die inzwischen vom frühesten Frühjahr bis zum Hochsommer blühend angeboten werden. Die natürliche Blütezeit liegt im August und langfristig werden sich alle Hortensien, unabhängig von der Kulturmethode beim Gärtner, bei Ihnen zu Hause auf diesen Termin umstellen. Wichtig für dauerhaft blaue Hortensien ist Aluminium im Boden, ohne das die Blüten ins Rosafarbene zurückfallen. Verwenden Sie von April bis September deshalb regelmäßig speziellen Hortensien-Dünger, der Aluminiumsulfate enthält. Düngedosierung und -rhythmus sind auf der jeweiligen Packung angegeben und sollten exakt eingehalten werden.

Die Grenzen zwischen Blau und Violett sind im Pflanzenreich fließend. Je nach Lichteinfall und Blühstadium wirken frische Blüten morgens violett, abends zuweilen rosa.

Blau-Weiß ist das Farbthema nordischer Terrassen, inklusive Schiffsmodell und Wasserschale.

„Blaumachen": Mit einem bequemen Liegestuhl inmitten von Glockenblume und Rittersporn kein Problem! Die klassische Kombination mit weißen Begleitern sorgt für Küstenstimmung.

Weitere „Blaublü(h)tige" unter den bei uns wintertauglichen Kübelpflanzen sind Kleinsträucher wie Bartblume (*Caryopteris*), Säckelblume (*Ceanothus*) und Blauraute (*Perovskia*), die ab Ende Juli blühen. Extreme Winter mit vielen Wochen Dauerfrost sind für Exemplare im Topf zu viel des Kalten. Legen Sie schützende Luftpolsterfolie oder Jutesäcken um die Töpfe und füttern Sie diese mit Stroh oder trockenem Laub aus.

Blau blühende Stauden

Unter den Stauden stehen neben den zarten, mehrjährigen Horn-Veilchen (*Viola cornuta*, Seite 72) die Glockenblumen (*Campanula*) an erster Stelle, die sowohl für sonnige, als auch für schattige Lagen eine reiche Auswahl polsterkleiner oder kniehoher Arten bieten. Ebenfalls unverzichtbar ist der Rittersporn (*Delphinium × cultorum*), den es in vielen blauen Sorten gibt. Bieten Sie ihnen als Kübelpflanzen aufgrund ihrer Höhe von bis zu 150 cm ein Stützkorsett oder die Möglichkeit, sich an das Balkongeländer oder die Hauswand anzulehnen. In schattigen Topfgärten ersetzt der giftige Eisenhut (*Aconitum*) den Rittersporn, dem er sehr ähnlich sieht. Wussten Sie, dass auch Hohe Bart-Iris (*Iris-Barbata-Elatior*-Hybriden) hervorragend in Töpfen gedeihen? Ihr Blüte währt im Frühsommer zwar nur kurz, ist aber von ausgesuchter Schönheit. Teilen Sie Ihre Topf-Iris alle drei Jahre, damit Sie sich langfristig am Blütenzauber erfreuen können.

Als dezente Begleiter für den Nordsee-Terrassengarten in Schalen hervorragend geeignet sind Günsel (*Ajuga reptans*) und Gedenkemein (*Omphalodes verna*). Sie wachsen zu blau blühenden Teppichen heran und können als Lückenfüller überall dazwischengestellt werden. Vorteil: Sie sind sehr anpassungsfähig an den Standort und sehr pflegeleicht.

Im Herbst ist die Zeit der Enziane (z.B. *Gentiana sino-ornata*) gekommen. Sie sind zwar eher typisch für die Landschaft der Alpen, doch sie verlängern mit ihrer tiefblauen September- und Oktoberblüte auch die Saison im Nordseegarten.

Blaue Ein- und Zweijahresblumen

Unter den einjährigen Sommerblumen gibt es eine ganze Reihe blauer Vertreter. Den Frühling begrüßen Lobelien (*Lobelia erinus*, Seite 97), Weißbecher (*Nierembergia*, Seite 96) – den man trotz seines Namens vor allem in seiner blauen Spielart verwendet – und Gauchheil (*Anagallis monelli*, Seite 42). Sie sind blaue Schätze für

Blaue Übertöpfe sind sehr dominant. Kleinblütige Arten wirken in ihnen verloren. Setzen Sie blaue Töpfe nur für kräftige Pflanzen wie Rittersporn oder Hortensien ein.

Hängeampeln oder Randbepflanzungen in gemischten Kästen und Töpfen. Sommerastern (*Callistephus*, Seite 79) warten mit blauen Sorten auf, die Kapaster (*Felicia*, Seite 42) hat Blau zu ihrer „Hausfarbe" erkoren. Wer nicht nur Küstenstimmung, sondern es auch wildromantisch liebt, sät in einem Gefäß blaue Kornblumen (*Centaurea cyanus*), Lein (*Linum usitatissimum*), Jungfer im Grünen (*Nigella damascena*, Seite 93) oder Blaudolde (*Didiscus caeruleus*) aus. Probieren Sie auch weniger bekannte Arten wie Hundszunge (*Cynoglossum amabile*), Hainblume (*Nemophila menziesii*), Blautöpfchen (*Nolana acuminata*) oder Rasselblumen (*Catananche caerulea*) aus, die sich in intensiven Blautönen vorstellen. Eher violett als blau präsentieren sich viele Sorten von Fächerblume (*Scaevola*, Seite 102), Eisenkraut (*Verbena*, Seite 104) und Vanilleblume (*Heliotropium*, Seite 64).

Bei den Zweijähren hätte man im Nordsee-Topfgarten ohne Vergissmeinnicht (*Myosotis*) etwas Wichtiges vergessen. Zeitig im Frühling begeistern sie uns mit ihren kleinen, zahlreichen in dichten Blütenständen zusammenstehenden, himmelblauen Blüten.

Weiß als Begleitung

Neben der kühlen Atmosphäre, die blaue Blüten verkörpern, sorgen weiße Pflanzen für Aufhellung. Da die weiße Farbe duch das Fehlen von Farbpigmenten oder -stoffen in den Pflanzen zustande kommt, ist sie sehr leicht zu züchten. „Albinos" kommen natürlicherweise zahlreich vor – sehr viel häufiger als andere Farbabweichungen. Sie finden daher in fast jeder Pflanzengattung weiße Vertreter und können hier aus dem Vollen schöpfen.

Tauchen Sie ein in meerblaue Blüten

1 Gauchheil
(Anagallis monellii)

Pflanze: Wegen seiner Abstammung als Ackerwildkraut blieb der Gauchheil lange ein Außenseiter im Topfgarten. Jetzt aber setzt man vor allem die Sorte 'Pacific Blue' wegen ihrer tiefblauen Blüten und des bodendeckenden bis leicht überhängenden Wuchses zunehmend ein.
Standort: Sonne treibt die Bildung von massenweise kleinen Blüten an. Die Pflanzerde sollte mager und durchlässig sein.
Pflege im Sommer: Der rund 20 cm hohe Gauchheil verträgt keine nasse Erde über längere Zeit. Das lässt seine Wurzeln faulen. Trockenheit steckt er dagegen gut weg. Die einjährigen Sommerblumen sät man ab April direkt in Freiland-Töpfe.
Pflege im Winter: Im Herbst bewurzelte Stecklinge überwintern kühl.
Gesundheit: Schädlingsfrei.

Dünenlandschaften en miniature

Wie blau blühende Pflanzen für das Meer, so sind Gräser Sinnbilder für die Dünenlandschaften. Ergänzen Sie Ihren Nordseegarten deshalb mit Ziergräsern in Töpfen, von denen wir Ihnen ab Seite 30 ff. bereits die Schönsten vorgestellt haben. Besonders harmonisch wirken Arten mit blauen Halmen oder Gräser mit weiß schimmernden Blütenähren.

Ganz auf Nordsee eingestellt

Natürlich sind es auch die Accessoires wie Strandkorb oder blau-weiß gestreifter Liegestuhl, die den Strandurlaub unterstreichen. Möwen aus Holz, Modellschiffe und andere Klassiker unterstreichen die Stimmung ebenso wie Schiffsanker-Replikate, die als Wandschmuck dienen. Achten Sie darauf, dass die Deko-Objekte frostfest sind. Besser ist es, sie im Winter ins Haus zu holen, um ihre Lebensdauer zu verlängern. Zu leicht platzen sonst durch die Sprengwirkung gefrorenen Wassers Ornamente oder Farbschichten ab.

Nicht fehlen darf natürlich das Wasser selbst. Wenn Sie keine technische Möglichkeit für einen Wandbrunnen haben, sollten Sie einen Holzbottich oder ein ausgedientes Zinkgefäß aufstellen. Bepflanzen Sie Ihren „Mini-Teich" mit kleinwüchsigem Zwerg-Rohrkolben (*Typha minima*) oder Zwerg-Binse (*Juncus ensifolius*). Akzente setzt das blau blühende Hechtkraut (*Pontederia cordata*). Sollte dafür der Platz nicht reichen: für eine schöne Keramikschale mit Wasser findet sich immer eine Möglichkeit. Zur Dekoration können Sie darin Schwimm-Kerzen oder frische Blüten treiben lassen.

2 Blaues Gänseblümchen
(*Brachyscome iberidifolia*)

Pflanze: Die Blütenfarbe dieser duftenden, einjährigen Asterngewächse schwankt zwischen Himmel- und Violettblau – je nachdem, wie das Sonnenlicht auf die Strahlenblüten fällt. Die bis zu 50 cm langen Triebe hängen gerne über Topfränder, was sie zu schönen Ampelpflanzen macht.
Standort: Vollsonnige, aber nicht allzu heiße Lagen mit leichtem Luftzug sind den Australiern am liebsten.
Pflege im Sommer: Eine auf niedrigem Niveau gleichmäßig feuchte Erde hält die überreiche Dauerblüte ebenso am Leben wie eine wöchentliche Flüssigdüngergabe im Gießwasser. Die Aussaat erfolgt ab März im Haus, nach den Eisheiligen ab Mitte Mai dürfen sie hinaus ins Freie.
Pflege im Winter: Überwinterung lohnt nicht, da die Blüte nachlässt.
Gesundheit: Selten Blattläuse.

3 Blauflügelchen
(*Clerodendrum ugandense*)

Pflanze: Angesichts der meterlangen Triebe, die das Blauflügelchen in einem Sommer sprießen lässt, fällt es schwer, es als Strauch oder Kletterpflanze einzuordnen. Alle drei bis vier Wochen gestutzt, wachsen sie buschig und schmücken sich von Mai bis September mit unzähligen, schmetterlingsgleichen Blüten.
Standort: Da das Laub recht weich ist, verliert es in vollsonnigen Lagen viel Wasser. Ein Platz, der zur heißesten Mittagszeit beschattet ist, bekommt den langlebigen Eisenkrautgewächsen daher am besten.
Pflege im Sommer: Lassen Sie die Erde nicht austrocknen, wozu reichlich Wasser nötig ist, und düngen Sie von April bis August wöchentlich.
Pflege im Winter: Hell oder dunkel bei 8 bis 15 °C aufstellen.
Gesundheit: Sommers Weiße Fliege.

4 Schmucklilie
(*Agapanthus*)

Pflanze: Diese Stauden mit ihren riemenförmigen Blättern und dem horstigen Wuchs zählen zu den Klassikern im Kübelgarten, die noch heute jede Parkanlage schmücken. Im Juni heben sich die blauen oder weißen Blütenkugeln auf bis zu 1 m langen Stielen empor und halten bis August.
Standort: In voller Sonne ist Ihnen die Blüte sicher. Halten Sie die Pflanzen in möglichst kleinen Töpfen: Enge fördert die Blütenbildung. In großen Gefäßen bilden sich reichlich Blätter, aber keine/wenige Blüten.
Pflege im Sommer: Der Wasserbedarf ist gering. Gießen Sie in größeren Abständen. Gedüngt wird nur zwei Mal im Monat ab April.
Pflege im Winter: Hell bei 3 bis 12 °C. Bei dunklem Stand Laubverlust; lange Regenerationsphase im Frühling.
Gesundheit: Schädlingsfrei.

Blühende Balkone wie *Alpenglühen*

Farben wie beim Alpenglühen mit üppiger, roter Geranienpracht.

Von der Nordsee reisen wir nun in die Alpen. Was dem Besucher hier nach schneebedeckten Berggipfeln und würzigem Bier vor allem in Erinnerung bleibt, sind die üppig behangenen Balkone der urigen Architektur. Während die hölzernen Vorbauten – meist durch lange Dachüberstände vor der Witterung geschützt – früher als Lagerflächen und zum Trocknen von Nahrungsmitteln dienten, haben sie heute vor allem Schmuckwert. Geranien und Petunien sind dabei die beliebtesten Balkonblumen, da sie trotz der oft kühlen und regenreichen Sommer überaus üppig blühen.

Statt der häufig eingesetzten aufrechten Formen kommen überwiegend hängende Sorten mit langen Schleppen zum Einsatz. Die favorisierte Farbe ist eindeutig Rot, das schön mit den dunklen Holztönen der Fassaden kontrastiert. An zweiter Stelle stehen violette Variationen, die vor allem bei den Petunien die vorherrschenden Farben sind. Moderne Pflanzkombinationen mit Gelb und Weiß oder einem Potpourri von Arten halten zwar Einzug in die traditionsreiche Region, machen aber nur einen kleinen Bruchteil aus. Zur Freude der Touristen, denn die klassischen Balkone sind einfach am üppigsten!

Mit Liebe gehegt und gepflegt

Dass die Balkonkästen im Alpenland so üppig blühen, ist jedoch nicht die Leistung der Pflanzen allein, sondern vor allem ihrer Besitzer. An schönen Tagen ist pro laufendem Meter Balkonkasten eine ganze Gießkanne nötig. Viele statten die Balkonkästen zur Erleichterung deshalb mit automatischen Tröpfchenbewässerungen aus, deren dünne Schlauchleitungen von den Trieben überwachsen werden und dadurch nicht zu sehen sind. Ebenfalls arbeitserleichternd ist eine Vorratsdüngung mit Langzeitdünger. Man gibt die Kügelchen mit dem Pflanzen in oder auf die Erde. Je nach Fabrikat versorgen sie die Wurzeln drei bis sechs Monate mit den nötigen Nährstoffen. Je aktiver die Pflanzen sind, umso mehr Nährsalze geben die Kügelchen frei und versorgen die Wurzeln so stets optimal. Was dann noch bleibt, ist das regelmäßige Auszupfen welker Blüten und der Rückschnitt allzu langer Triebe.

Prima **Petunien**

Jahrzehnte beherrschten großblütige Hänge-Petunien die Balkon-Szene – bis die Kleinblütigen, häufig nach einer der ersten Sorten als „Surfinias" bezeichnet, auf der Bildfläche erschienen. Seitdem erobern sie die Herzen der Balkon-Gärtner im Sturm: Während die Großblütigen nach heftigen Gewitterschauern leicht verkleben oder die Blütenblätter bei Wind einreißen, bleiben die Kleinen bei Wind und Wetter schön. Ihre geringere Größe gleichen sie durch eine entsprechende Vielzahl an Blüten aus, so dass ihre Farbenkraft den Großen in nichts nachsteht.

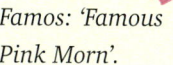

Famos: 'Famous Pink Morn'.

Petunien kauft man in den seltensten Fällen nach Sorten. Was einem gefällt, nimmt man mit. Auch die Gärtner arbeiten weniger mit Sorten, als vielmehr mit Serien. Sie zeichnen sich durch bestimmte Wuchseigenschaften oder Blühzeiten aus und enthalten meist mehrere Sorten unterschiedlicher Farbe oder Füllung.

Von allem viel, für Petunien am meisten

Petunien (*Petunia × atkinsiana*) tragen eine eher zarte Belaubung und verdunsten in der Sonne reichlich Wasser. Sorgen Sie deshalb bei schönem Wetter für laufenden Nachschub. Gedüngt wird jede Woche ein Mal mit Flüssigdünger. Zahlreiche Petunien-Sorten sind „selbstreinigend", welke Blüten fallen also von allein zu Boden. Bleiben die Blüten haften, zupft man sie ab, sonst behindern sie das Laub bei der Lichtaufnahme und sehen obendrein unattraktiv aus.

Moderne Petunien-Sorten

Name	Blüten	Serie, Wuchs	
'Conchita Pink Kiss'	pink mit gelber Mitte	„Conchita", mittel	**Großblütige Sorten**
'Famous Light Blue'	lavendelblau	„Famous", stark	
'Fortunia Salmon'	lachsfarben	„Fortunia", mittel	
'Jamboree Burgundy'	burgunderrot	„Jamboree", mittel	
'Surfinia Lemon'	creme mit gelbem Auge	„Surfinia", stark	
'Surprise Red Vein'	pink mit roter Aderung	„Surprise", mittel	
'Sylvana Vanilla'	zartgelb mit Aderung	„Sylvana", stark	
'Viva Lavender Shades'	violett, dann weiß	„Viva", kompakt	
'Calimero Rose'	rosa mit roter Aderung	„Calimero", mittel	**Kleinblütige Sorten**
'Charming White Blue Vein'	weiß mit blauer Aderung	„Charming", mittel	
'Conchita Double Velvet'	purpurn, halbgefüllt	„Conchita", mittel	
'Sweet Surprise Blue Sky'	mittelblau	„Sweet Surprise", mittel – kräftig	
'Sweetpleasure Purple'	purpurn	„Sweetpleasure", mittel	
'Tiny Tunia Lavender Eye'	violett	„Tiny Tunia", mittel	
'Whispers Light Yellow'	hellgelb	„Whispers", mittel	

Geranien gehören auf jeden Balkon

Zonal-Pelargonien blühen unermüdlich

Ihren Ruf, altbacken und konservativ zu sein, verdienen Geranien schon lange nicht mehr. In den letzten Jahren sind unzählige neue Sorten dazugekommen, die auch für den modernen Balkongarten Interessantes bietet. Probieren Sie blaue, gefüllte oder gesprenkelte Sorten aus. Dabei unterscheidet man drei Gruppen: Zum einen die buschig wachsenden Aufrechten Geranien, Hänge-Geranien mit langen Schleppen und Duft-Geranien (siehe Seite 121).

Aufrechte Geranien

Bekannt sind diese Geranien unter dem Namen „Zonal-Pelargonie" (*Pelargonium × hortorum*). Der Grund: Ihre Blätter tragen eine auffällige Musterung, die sie in „Zonen" aufteilt. Aus ihren Reihen stammen zahlreiche Blattschmuck-Sorten. Die ursprünglich in Südafrika beheimateten Pflanzen werden rund 30 cm hoch, ihr Triebe hängen nicht über, sondern wachsen buschig aufrecht. Die moderne Züchtung legt nicht nur

Trendsetter unter den Aufrechten Geranien

Sorte	Blüte	Wuchs
'America Bright Red'	rosa mit roten Sprenkeln, groß	mittelstark
'Astra Dark'	weiß, halbgefüllt	kompakt
'Bellina'	zweifarbig rosa-pink	kompakt
'Black Night'	dunkel samtrot	locker
'Colorado Typ 2'	intensiv blau-pink	locker
'Exotica Happy Orange'	sternblütig, orange	kompakt, Blätter auffällig zoniert
'Fireworks Salmon'	sternblütig, lachsfarben	kompakt
'Intro Salmon'	lachsfarben	sehr kompakt, Laub zoniert
'Katinka'	fliederfarben mit purpurnem Auge, halbgefüllt	mittelstark
'Lauretta'	hellviolett, halbgefüllt	kompakt, leicht zoniert
'Nevada'	leuchtendes Pink mit Auge	locker
'Rocky Mountain Salmon'	extrem groß, lachsfarben	stark wüchsig
'Rosario Typ 1'	leuchtend orange-rot, gefüllt	starkwüchsig, kompakt
'Survivor Pink Splash'	pink mit dunklen Tupfen	sehr starkwüchsig, gut verzweigt

'Exotica Happy Orange' (links) und 'Exotica Helix White'.

Wert auf zahlreich sprießende Blüten, sondern dass diese auch im Detail „top" sind. Das Ergebnis sind Blüten mit feiner Strichzeichnung, spitzen Blütenblättern (Stellar-Pelargonien) oder gefüllte Sorten.

Je länger, desto besser!

Hänge-Geranien stammen von einer anderen Geranien-Wildart ab (*Pelargonium peltatum*). Neben der Blütenqualität kommt es bei ihnen vor allem auf die Länge der Triebe an: Sie bilden je nach Sorte bis zu 150 cm lange Schleppen. Wer möchte, kann sie auch aufbinden und aus ihnen Stämmchen ziehen.

Geranien richtig pflegen

Geranien sind deshalb so beliebt, weil sie so pflegeleicht sind wie kaum eine andere Balkonblume. Der Grund liegt in der Fähigkeit, in den dicken Stängeln und festen Blättern Wasser und Nährstoffe zu speichern. Kurze Trockenperioden überstehen sie damit problemlos und lassen dabei nicht einmal in der Blüte nach. Selbst in halbschattigen Lagen ist die Blühkraft überzeugend. Regen verklebt die Blüten nicht, Wind reißt weder Blatt noch Blüte ein. Und: Geranien sind langlebig. Wer sie an hellen, aber kühlen Plätzen zwischen 5 und 12 °C überwintert, hat Jahrzehnte lang Freude an den Dauerblühern. Was will man mehr?

Aktueller Sortenspiegel: Moderne Hänge-Geranien

Sorte	Blüte	Serie
'Atlantic Red Star'	rot-weiß, gefüllt	„Atlantik"
'Black Magic'	samtschwarzes Rot	Einzelsorte
'Blue Sybil'	blauviolett	Einzelsorte
'Dark Red Blizzard'	kirschrot mit rosa Zeichnung	Einzelsorte
'Doblino Mauve'	fliederfarben, gefüllt	„Doblino"
'Happy Face Mex'	samtrot mit weißen Streifen	„Happy Face"
'Lira'	rosa, gefüllt	Einzelsorte
'Pacific Soft Pink'	zartrosa, dicht gefüllt	„Pacific"
'Pellino Blanc'	weiß	„Pellino"
'Rainbow Neon'	violett	„Rainbow"
'Royal Purple Red'	dunkel samtrot, dicht gefüllt	„Royal Purple"
'Starlight Albina'	weiß, gefüllt	„Starlight"
'Starlight Orange'	leuchtend orange, halbgefüllt	„Starlight"
'Tomgirl'	samtrot, gefüllt	Einzelsorte
'Toscana Ruben'	dunkelrot, gefüllt	„Toscana"
'Violett'	purpurviolett, halbgefüllt	Einzelsorte

Balkonspaß für die ganze Familie

Ob jung, ob alt, groß oder klein: dekorative Pflanzen rund ums Haus braucht jeder, um sich wohlzufühlen. Da sich im Laufe der Zeit die Wünsche und Möglichkeiten ändern, wechselt auch die Balkonbepflanzung mit den Jahren. Wir stellen Ihnen schöne Beispiele vor, die Kindern Spaß machen, pflegeleicht für Singles sind und Senioren begeistern. So können Sie Ihren Balkongarten ein Leben lang genießen.

Fantasievolle Balkongärten für **Kinder**

Toll für Kinder sind kleine Wassergärten in Bottichen, in denen man im Sommer „pempeln" kann.

Das natürliche Interesse von Kindern für alles, was die Natur an Lebendigem zu bieten hat, ist enorm. Sobald sie laufen können, zählen neben Tieren auch Pflanzen und Blumen zu den spannendsten Dingen des Lebens, die genauer untersucht werden wollen. Bieten Sie ihnen deshalb die Möglichkeit, ihre Neugier zu stillen. Je früher man Kinder an die Welt der Pflanzen heranführt und ihre Begeisterung dafür weckt, umso eher bleibt die Freude am Gärtnern bis ins hohe Alter erhalten. Wenn dabei vor lauter Neugierde mal ein Blütenstiel abknickt oder einige Blätter abgezupft werden, sollten Sie das den kleinen Entdeckern nachsehen. Schließlich sprießen im Balkongarten laufend neue nach.

Kleine Kinder, kleine Töpfe

Abhängig von der eigenen Körpergröße erlebt man die Dinge aus sehr unterschiedlichen Perspektiven. Während einem als Kind Hunde „riesig" vorkamen, weil man ihnen stehend in die Augen blicken konnte, stellt sich mit zunehmendem Alter eine andere „Sicht der Dinge" ein und der Hund sich als nur mittelgroße Rasse heraus. Genauso ist es mit den Blumen. Sonnenblumen mit über 2 m Höhe sind für die ganz Kleinen viel zu groß. Sie wachsen unerreichbar hoch in den Himmel. Gleiches gilt für Blumenampeln, die von der Decke hängen, sofern nicht – wie beim Mottenkönig (*Plectranthus*, Seite 105) – ihre langen Triebe fast bis zum Boden reichen. Für Kästen, die am Balkongeländer befestigt sind, wäre für Kinder ein Stuhl vonnöten, um sie eingehend zu betrachten: ein unnötiger Risikofaktor! „Begreifbar" ist dagegen alles, was sich in Bodennähe abspielt, etwa bepflanzte flache

Mit robusten Pflanzen, Windrädern und Holzfiguren geht es bunt zu auf Balkonien!

Schalen und kleine Töpfe. Für Dreikäsehochs ideal ist eine Pflanzenhöhe, die maximal der eigenen Größe entspricht. Dann kommt man an alle Blüten bestens heran und kann sie genau studieren. Gut geeignet sind hierfür Aufrechte Geranien (*Pelargonium-Zonale*-Hybriden, Seite 46 f.), Fleißige Lieschen (*Impatiens-Neuguinea*-Hybriden, Seite 83), Ringelblumen (*Calendula*, Seite 81) oder Studentenblumen (*Tagetes*, Seite 61), da sie robust und einfach zu pflegen sind.

Gestreift, getupft oder bonbonfarben

Kinder haben noch kein stilsicheres Gefühl für passende Farbkombinationen. Je bunter

Gerne gießen Kinder eigens für sie bepflanzte, pflegeleichte Töpfe und freuen sich am Werden.

es zugeht, umso besser gefällt es ihnen. Besonders interessant finden sie Blüten mit lustigen Farbmustern oder skurrilen Formen.

Gemusterte Blüten bieten Petunien-Sorten (*Petunia* × *atkinsiana*, Seite 45) wie 'Red Star', 'Blue Star' oder 'Rose Star' mit einer dem Namen entsprechenden Farbe und weißem Streifenmuster. Die neue Sorte 'Meteor Bicolor' umrahmt ihr pinkfarbenes Zentrum mit einem weißen Kranz – ein auffälliger Kontrast!

Unter den einjährigen Flammenblumen (*Phlox drummondii*) gibt es markante Blütenformen, zum Beispiel die Sorte 'Delft Blue', die ein violettblaues Zentrum tragen und nach außen in Spritzern, Streifen oder aquarellartigen Verläufen in Weiß übergehen. 'Petticoat Strain' trägt um ihre spitzblättrigen, roten Blüten einen feinen, weißen Rand.

Aschenblumen (*Pericallis* × *hybrida*), besser unter ihrem bisherigen Namen Cinerarien (*Senecio* × *cruentus*) bekannt, bieten eine Reihe zweifarbiger Sorten wie die 'Jester'-Serie. Ihre Spielarten tragen um einen weißen Innenkranz rote, pinkfarbene oder violette Blütenringe ('Jester Scarlet', 'Jester Carmine', 'Jester Blue').

Bei den Studentenblumen (*Tagetes*, Seite 61) hat man hinsichtlich zweifarbiger Blüten die Qual der Wahl: Wie wäre es mit 'Bonanza Bee', 'Janie Spry', 'Aurora Red', 'Safari Scarlett' oder 'Granada', die sich in einem auffälligen Farbenspiel aus Rot oder Orange mit Gelb präsentieren?

Im Frühling lachen auf dem Balkongarten für Kinder die Stiefmütterchen (*Viola-Wittrockiana*-Hybriden, Seite 72), die ihre kleinen Blütengesichtchen in einer unbeschreiblichen Fülle mehrfarbiger Kombinationen präsentieren.

Nehmen Sie Ihre Kinder im Frühjahr zum Blumeneinkauf mit. Wenn sie selbst mit auswählen dürfen, ist ihr Interesse größer und meist von längerer Dauer.

Da Neuheiten nicht immer leicht zu bekommen sind, sollten Sie frühzeitig bei Ihrer Gärtnerei nachfragen oder bestimmte Sorten selbst aus Samen heranziehen.

Witzig sind die löffelartig eingeschnürten Blüten bestimmter Sorten des Kap-Körbchens (*Osteospermum*, Seite 19) wie 'Sun-Sation White Whirl' (weiß-violett), 'Spoon Star' (weiß-violett) oder 'Sun-Sation Blue Whirl' (pinkviolett).

Bei den Verbenen (*Verbena*, Seite 104) zeigt sich die Temari-Sorte 'Lanai Lavender Star' violett-weiß gestreift.

Skurrile Formen haben vor allem die Hahnenkämme (*Celosia*, Seite 18) zu bieten. Doch auch bei den Löwenmäulchen (*Antirrhinum*, Seite 86) riskieren Kinder gerne einen zweiten Blick auf die niedlichen Lippenblüten, die sich wie ein Maul öffnen, wenn man sie seitlich zusammendrückt. Witzig sind die länglichen Blütenröhren der Zigarettenblümchen (*Cuphea*, Seite 53) und der Manettie (*Manettia inflata*). Wie bunte Strohsterne, mit denen man Weihnachten die Christbäume schmückt, wirken die blauen, roten, rosafarbenen oder weißen Zuchtsorten der Kornblume (*Centaurea cyanus*).

„Sinn-voll" erleben

Duftende Pflanzen faszinieren nicht nur die älteren, sondern schon die ganz kleinen Erdenbürger. Da sie ihre Nasen unverhohlen in alles hineinstecken, was lohnenswert erscheint, ist jedoch ein wirklich wohliger Geruch entscheidend. Beim strengen Aroma von Wandelröschen-Blättern (*Lantana camara*, Seite 81) würde das Interesse schnell „verduften". Stattdessen sind Vanilleblume (*Heliotropium*, Seite 64), Duftwicke (*Lathyrus odoratus*, Seite 109) oder Duftsteinrich (*Lobularia maritima*, Seite 97) ein idealer Einstieg in die wunderbare Welt der Düfte (siehe dazu auch Seite 64f., 120f.).

Top(f)-Pflanzen für Kinder

1 Stern-Skabiose
(Scabiosa stellata)

Pflanze: Die hellblauen, dicht gefüllten Juli-Blüten sind der erste Hingucker, den diese einjährigen, rund 30 cm hohen Sommerblumen bieten. Im Herbst laden die bis zu 7 cm durchmessenden, pergamentartigen und kugeligen Samenstände zum Trocknen und Basteln ein.
Standort: Sonnige wie halbschattige Plätze werden gleichermaßen akzeptiert. Hitze ist kein Problem.
Pflege im Sommer: Der Wasserbedarf ist mäßig, Trockenheit sollten Sie vermeiden. Gedüngt wird alle 14 Tage mit Flüssigdünger.
Pflege im Winter: Entfällt. Die Einjährigen werden jährlich ab Mai direkt in Freilandtöpfe gesät. Wer die Samen im Herbst erntet, kann selbst für laufenden Nachwuchs sorgen, ohne Saatgut kaufen zu müssen.
Gesundheit: Keine Anfälligkeiten.

2 Prunk-/Trichterwinde
(Ipomoea tricolor)

Pflanze: Diese einjährigen Schlingpflanzen erreichen von ihrer Aussaat im April bis zum Herbstende Höhen von bis 3 m, die prima Schatten spenden oder an zeltförmig aufgestellten Stangen Schlupfwinkel für Ihre Kinder schaffen. Das Schönste aber sind die blauvioletten Blüten, die je nach Tageszeit und Lichtintensität auch purpur oder himmelblau erscheinen können.
Standort: Sonnige Plätze fachen die Blüte an. Jede hält meist nur einen Tag, wird aber laufend durch neue Knospen ersetzt.
Pflege im Sommer: Durch die Wuchshöhe und Laubmenge ist der Wasserbedarf hoch. Geben Sie jede Woche Flüssigdünger ins Gießwasser.
Pflege im Winter: Überwinterte Pflanzen blühen nur noch spärlich.
Gesundheit: Achten Sie auf Blattläuse.

In einem Kapuzinerkresse-Bogen finden Kinder auch an heißen Tagen ein schattiges Plätzchen.

Hände weg von Giftpflanzen!

Obwohl sie so herrlich duften, haben Engelstrompeten (*Brugmansia*, Seite 66f.) auf dem Kinderbalkon nichts zu suchen, denn ihre Blätter enthalten stark giftige Substanzen. Da Kinder gern überprüfen, ob das, was gut duftet, vielleicht ebenso gut schmeckt, besteht hier in unbemerkten Augenblicken Vergiftungsgefahr. Gleiches gilt für den hochgiftigen Oleander (*Nerium oleander*, Seite 14) oder zahlreiche, beliebte Vertreter der Nachtschattengewächse (Solanaceae) wie Blauer Kartoffelstrauch (*Lycianthes rantonettii*), Kletternder Nachtschatten (*Solanum jasminoides*) oder Hammerstrauch (*Cestrum aurantiacum*). Bei den einjährigen Sommerblumen sollten Sie auf Sommerrittersporn (*Consolida regalis*), Goldlack (*Erysimum cheiri*), Zier-Tabak (*Nicotiana*, Seite 64) oder Wunderbaum (*Ricinus communis*, Seite 19) verzichten, da sie in Blättern oder Samen giftige Substanzen enthalten.

Leckereien für Leckermäulchen

Da Kinder gerne naschen, sind Balkongäste mit essbaren Früchten ideal. Erdbeeren gedeihen bestens in Kästen, Töpfen oder Ampeln. Ihre Früchte können über die Gefäßränder herabhängen und reifen dadurch bestens aus, ohne zu faulen, was bei

3 Löwenohr
(*Leonotis leonurus*)

Pflanze: Die langlebigen Halbsträucher werden verstärkt auch als samenvermehrte Pflanzen im Balkonpflanzen-Sortiment angeboten. Ihre Blüten sind flauschig behaart und errinnern mit ihrem dichten Pelz an Löwenohren – für Kinder ideal zum Staunen und Anfassen.
Standort: Eine tägliche Mischung aus Sonne und Schatten wäre ideal.
Pflege im Sommer: Um die Erde nicht austrocknen zu lassen, ist reichlich Wasser nötig. Stutzen Sie die Triebe ab April mehrfach, damit sie sich besser verzweigen. Die Blüten sitzen an den Triebenden.
Pflege im Winter: Hell oder dunkel bei 5 bis 15°C stellen. Die Pflanzen sind den Winter über laublos.
Gesundheit: Im Frühling sind Blattläuse an den Triebspitzen, in heißen Sommern Spinnmilben möglich.

4 Mäuseöhrchen
(*Cuphea* 'Tiny Mice')

Pflanze: Diese Neuzüchtung stammt von dem rund 30 cm hohen Zigarettenblümchen ab. Die Enden ihrer kleinen Blüten sind in Form zweier dunkelfarbiger Lappen verbreitert. Das verleiht Ihnen die „Gesichtsform" der großohrigen Micky-Maus.
Standort: Windgeschützter Halbschatten ist ebenso möglich wie Sonne.
Pflege im Sommer: In jedem Fall sollte gewährleistet sein, dass die Erde nicht austrocknet. Davon würzen sich die zarten Pflanzen nur schwerlich wieder erholen.
Pflege im Winter: Eine Überwinterung bei 10 bis 15°C an hellen Plätzen ist möglich. Vermeiden Sie staunasse Erde. Ansonsten sät man sie jährlich ab März im Haus aus. Das Ausquartieren ins Freie erfolgt ab März. Oder Sie bewurzeln im Herbst Stecklinge.
Gesundheit: Gelegentlich Blattläuse.

Eine interessante Neuheit: die Parakresse (*Spilanthes oleracea*). Isst man die gelben Blütenköpfe, betäuben sie die Zunge – eine witzige, völlig ungefährliche Erfahrung.

dem Boden aufliegenden Erdbeeren leichter passiert. Aber auch Heidelbeeren, Johannisbeeren, Wein oder Kiwis gedeihen im Balkongarten in großzügig bemessenen Töpfen bestens (siehe Seiten 134ff.).

Gleiches gilt für Mais, Tomaten, Zucchini und andere Gemüse, die auf dem Balkon eine kleine, aber feine Ernte garantieren, wenn Sie keinen Garten haben. Auch wenn es gerade knapp für eine Mahlzeit reicht: Für Kinder ist es richtig spannend, dem täglichen Speiseplan beim Gedeihen zuzusehen und die Größenzunahme eines Kürbisses zu vermessen (siehe dazu auch Seite 132ff.). Sie können sehr schön studieren, wie eine Frucht sich durch verschiedene Reifestadien entwickelt.

Pflanzen zum Basteln

Statt sie nur zu betrachten, spielen oder basteln Kinder gerne mit Blüten, Samen und Fruchtständen. Unter Anleitung lassen sich aus den fedrigen Samenständen von Waldreben (*Clematis*), den Kugeln der Stern-Skabiose (*Scabiosa stellata*, Seite 52) oder den Kapseln des Mohns (*Papaver-Orientale*-Hybriden) fantasievolle Figuren basteln. Vorteil: Sie gedeihen allesamt nicht nur im Garten, sondern auch in Töpfen. Die Blüten des Papierknöpfchens (*Ammobium*) oder der Strohblume (*Helichrysum bracteatum*) sind einfach zu trocknen, da ihre Blütenblätter schon an der Pflanze kaum Feuchtigkeit in sich tragen. Ein paar Tage im Freien an einem luftigen, aber absonnigen Platz ausgelegt, werden sie für Jahre konserviert und in Gestecken verwendet. Direkte Sonne würde dagegen die Farben ausbleichen. Zum Basteln lustiger Figuren im Herbst bestens geeignet sind die bunten Kolben vom Buntmais oder die großen Früchte von Zierkürbissen (siehe Seite 132).

Pflanzen zum Basteln und Essen

1 Silberling
(*Lunaria annua*)

Pflanze: Im Frühsommer machen diese ein- oder zweijährigen Blumen zunächst durch lockere Blütenstände mit purpurviolettem Blütenflor und lieblichem Duft auf sich aufmerksam. Danach setzen sie flache Schoten an, deren Wände durchscheinend wie Pergament sind und den Blick auf die Samen freigeben. Getrocknet halten sie ewig und dienen Kindern als „Spielgeld".
Standort: Wählen Sie sonnige bis halbschattige Plätze.
Pflege im Sommer: Die Pflanzen stellen keine hohen Ansprüche. Stets leicht feuchte Erde und wöchentliche Düngergaben genügen. Ausgesät wird im April oder im Herbst zuvor.
Pflege im Winter: Zweijährig gezogene, dann meist kräftigere Pflanzen brauchen einen Winterschutz.
Gesundheit: Robuste, gesunde Art.

2 Zierkohl
(*Brassica oleracea*)

Pflanze: Je kälter es wird, umso kräftiger färben sich die Blätter des Zierkohls in pink-, rosa- oder cremefarbenen Schattierungen für die herbstliche Balkongestaltung um.
Standort: Sonnige Lagen sind ideal.
Pflege im Sommer: Ausgesät wird im Juli. Stark gekrauste Blätter trägt die 'Nagoya'-Serie, gewellte Blätter die 'Pigeon'-Serie. Kleine, aber mehrere Köpfe, die wie Blütensträuße wirken, bilden 'Sunrise' oder 'Sunset'.
Pflege im Winter: Erste, frostige Nächte machen den Köpfen nichts aus. Erst strenger Dauerfrost würde die Blätter schwarz färben. Ernten Sie die Köpfe einfach vorher, sie lassen sich wie normaler Kohl zubereiten und verspeisen.
Gesundheit: Durch die späte Kultur bleibt er von Kohlfliegen, Blattläusen & Co. in der Regel verschont.

Sommer, Sonne, **Sonnenblumen**

Sonnenblumen (*Helianthus annuus*) kennt jedes Kind. Ihrer ölreichen Samen wegen werden sie felderweise angebaut, schmücken aber als Zierpflanzen ebenso die Gärten wie Topfgärten. Die Blütenköpfe richten sich nach dem Sonnenstand aus und machen deshalb während des Tages eine 180 °-Drehung. Sie sind einfach aus Samen heranzuziehen. Steckt man einige davon Mitte bis Ende April in Erde, keimen sie binnen weniger Tage. Beim Wachsen kann man ihnen regelrecht zusehen, sofern sie an einem sonnigen und windgeschützten Standort stehen. Wind jedoch kann die Stängel mit den schweren Blütenköpfen knicken.

Die Kleinen unter den Großen

Wenn der Blütenstiel knickt, schient man ihn mit Bambusstäben und umwickelt die Knickstelle mit einem Pflaster aus der Hausapotheke. So heilt die Pflanze die Wunde und blüht oft noch lange weiter.

„Je größer, umso besser" war lange Zeit die Devise für Sonnenblumen, mit deren Höhe die Gartenbesitzer in Wettbewerb traten. Die Folge sind Sorten wie 'King Kong' mit bis zu 450 cm! Für den Balkongarten sind jedoch kleinwüchsige, kompakte Sorten gefragt, die standfest sind und ihre Blüten maximal in Hüft- oder Brusthöhe präsentieren. Zudem liegt der Schwerpunkt der Züchtung derzeit auf andersfarbigen Sorten. Längst blühen Sonnenblumen nicht mehr nur in Gelb, sondern ebenso in Dunkel- bis Braunrot, Cremefarben oder zweifarbig. Dicht gefüllte Sorten sehen zwar außergewöhnlich aus, bilden aber keine Samen mehr. Damit verpasst man einen weiteren Höhepunkt der Sommerblumen-Königinnen: Im Herbst kann man die Kerne sammeln und selbst essen oder für die Vogelfütterung im Winter aufbewahren.

Kleine Sonnenblumen in vielen Farben für den Balkongarten

Sorte	Blüte	Höhe
'Big Smile'	gelb, sehr früh	40 cm
'Elite Sun'	leuchtend gelb, sehr früh	160 cm
'Florenza'	rot mit hellgelben Spitzen	120 cm
'Floristan'	braunrot mit gelber Spitze	120 cm
'Ikarus'	zitronengelb	140 cm
'Pacino'	gelb	40 cm
'Prado Gelb'	goldgelb	140 cm
'Prado Red'	tiefrot	160 cm
'Ring of Fire'	ringförmig rot und gelb	120 cm
'Sonja'	leuchtend orange	120 cm
'Soraya'	orangegelb	150 cm
'Starburst Lemon Aura'	zitronengelb, dicht gefüllt	160 cm
'Sunbeam F1'	gelb mit gelber Scheibe	170 cm
'Teddybär'	gelb gefüllt	40 cm

Vier-, Sechs- und Achtbeiner auf dem Balkon

So ein Hundeleben!

Hunde und Katzen sind bekanntlich die besten Freunde des Menschen. Da möchte man auch den Balkon- und Terrassengarten mit ihnen teilen. In der Regel funktioniert das auch sehr gut. Obwohl Hunde für ihr Leben gern in der Erde graben, machen sie bei Topfpflanzen eine Ausnahme: sie sind dafür viel zu klein. Hunde fressen zuweilen Gras, um die Verdauung zu fördern. Das bedeutet jedoch nicht, dass sie an allem Grünen knabbern, was sich ihnen bietet. Die Blätter von Kübelpflanzen werden in Ruhe gelassen, so dass

die Gefahr, giftige Pflanzenteile aufzunehmen, sehr gering ist. Auch Beeren, Schoten und andere Früchte sind für Hunde uninteressant. Nur mit dem Gießwasser sollten Sie aufpassen: Hunde trinken sehr gerne das abgestandene Wasser aus Untersetzern, lieber als frisches aus dem Wasserhahn. Ist es mit Düngern – oder im Extremfall sogar mit jüngst angewendeten Pflanzenschutzmitteln – versetzt, müssen Sie Ihre Vierbeiner davor schützen. Verwenden Sie statt Untersetzern besser Übertöpfe, in welche die Hundeschnauze nicht hineinreichen kann.

Wenig sanfte Samtpfoten

Katzen können dem Balkongärtner das Leben dagegen manchmal schwer machen. Fehlt ihnen einen Möglichkeit, ihre Krallen zu wetzen, suchen sie sich dickstämmigere Kübelpflanzen dafür aus, deren Rinde schon bald in Fetzen herabhängt. Verstreichen Sie die Wunden mit Baumwachs und wickeln Sie Jutebänder um die Kratzstellen, damit sie vor weiteren Zugriffen von Kater & Co. geschützt sind. Wird auch dieser Jutemantel zerkratzt, muss ein Kratzbaum aus dem Zoofachhandel als Ersatz her. Sonst riskieren Sie den Verlust der Pflanzen. Katzen fühlen sich von bestimmten Pflanzendüften magisch angezogen und legen sich mitten hinein in die Zweige.

Kleiner Fuchs: willkommener Balkonbesucher.   *Hornissen sind selten geworden.*

Hunde sind vorbildliche Balkongäste.

Diese Prozedur führt bei Katzenminzen (*Nepeta × faassenii*) in Töpfen jedes Mal zum Verlust zahlreicher Zweige. Da die Anziehung jedoch meist größer ist als jede noch so konsequente Erziehung, sollten Sie auf diejenigen Pflanzen, die Ihre Katze mag, besser verzichten – oder ihren Verlust bewusst in Kauf nehmen.

Gefiederte Gäste

Vögel statten Balkonen und Terrassen regelmäßig Besuch ab – und das nicht nur während der Fütterungszeit im Winter. Es sind viele Fälle bekannt, in denen Meise, Sperling & Co. in Balkonkästen nisten. Wenn Sie Nistkästen aufhängen, können Sie sich auf Balkonen, die Ruhe und Abgeschiedenheit signalisieren, einer

Vogelfamilie als Untermieter fast sicher sein. Die Vögel sind gern gesehene Gäste, denn sie halten Insekten unter Kontrolle, die den Pflanzen das Leben schwer machen. Für diesen Dienst muss man als Gegenleistung etwas Toleranz mitbringen: Beim Nestbau fällt einiges des mühsam zusammengetragenen Baumaterials zu Boden. Und obwohl Vogeleltern in der Anfangszeit des Brutgeschäftes sehr reinlich sind und den Kot ihres Nachwuchses vom Nest forttragen, befördern die herangewachsenen Jungvögel ihre Exkremente über den Nestrand und verschmutzen den unmittelbaren Nestbereich. Wenn eine Brut erfolgreich war, kommen die Vögel gerne wieder und werden dabei von Jahr zu Jahr zutraulicher.

Fliegende Edelsteine

Schmetterlinge sieht man leider zunehmend weniger. Ursachen sind vielfach nicht die fehlenden Blüten, von deren Nektar sich die fliegenden Juwelen ernähren, sondern die Futterpflanzen für die Raupen. Blütenpflanzen sind in unseren Gärten und Balkongärten keine Mangelware. Dagegen erhalten Brennnesseln und andere „Unkräuter", die für die Raupen vieler Schmetterlinge die Grundnahrung bilden, keinen Platz im Garten. Stadtbewohner bekommen Schmetterlinge deshalb seltener zu sehen als Menschen in ländlichen Gegenden. Genießen Sie es deshalb, wenn Sie einen bunten Falter sehen und bieten Sie ihm und seinen Raupen geeignete Nahrungsgrundlagen.

Mal bunt, mal frech: Balkone für **junge Leute**

Überlasten Sie bei Altbauwohnungen die Tragfähigkeit der Balkone nicht. Pflanzen mit nasser Erde erreichen ein beträchtliches Gewicht!

Nach der Schulzeit ist es endlich so weit. Für Lehre, Fortbildung oder Studium verlassen viele die elterliche Obhut und suchen sich eine eigene Bleibe. Wählt man dabei eine Wohngemeinschaft oder ein Mini-Appartment, steht vielen der erste Balkon zur Verfügung. Er ist zwar meist klein, aber für ein paar Balkonblumen reicht der Platz allemal. Und wenn man zum Arbeiten nicht immer im Zimmer sitzen muss, sondern sich hinaus „ins Grüne" setzen kann, fällt das Lernen und Lesen gleich leichter. Ein kleiner Tisch, auf dem Sie ein Glas für die Erfrischung zwischendurch abstellen können, rundet die kleine Oasen ab. Von den Studienfahrten kann man allerlei Preiswertes vom Tontopf bis zur Wandfliese oder selbst Gesammeltes vom Olivenholz bis zur Muschel mitbringen und damit den Balkon einrichten.

Preiswert muss es sein

In der Ausbildung ist der Geldbeutel schmal, ein Großteil des Etats bleibt den alltäglichen Notwendigkeiten vorbehalten. Für dekorativen Luxus bleibt nur wenig, deshalb ist es wichtig, kostenlose oder preiswerte Quellen aufzutun. Da wären zunächst die Saattütchen. Wer nicht gerade die neuesten Züchtungen oder Raritäten unter den Sommerblumen auswählt, kann aus den Samen selber Jungpflanzen

Vitaminschub für's Lernen: Topf-Obst verbindet das Schöne mit dem Nützlichen.

Geerbte Geranien genügen, um kleine Balkone einzurichten.

heranziehen, die nur wenige Cent kosten. Und da man aus einer Samentüte oft hunderte Keimlinge heranziehen kann, tauscht man sich einfach mit Freunden aus. Sprechen Sie dazu vorher ab, wer welche Art aussät. So kommt man mit wenig Geld, das man in Erde, Töpfe und Dünger investieren muss, zu einer beachtlichen Pflanzen-Vielfalt.

Ebenfalls erfolgreich ist die Nachfrage nach Ablegern bei der Familie oder Freunden. Es ist ganz einfach, Geranien aus Stecklingen selbst zu vermehren: Man steckt sie einfach in Erde, wo sie bald Wurzeln schlagen. Die Triebspitzen von Engelstrompete (*Brugmansia*, Seite 66f.) oder Oleander (*Nerium*, Seite 14) bewurzeln sich sogar in einem Wasserglas innerhalb kürzester Zeit.

Eine weitere Möglichkeit: Vielleicht sind andere Menschen froh, wenn sie eine Pflanze los werden können. Obwohl es schön ist, wenn einen Kübelpflanzen jahre- oder sogar jahrzehntelang begleiten, sind Einzelexemplare vielleicht zu ausladend geworden, möglicherweise hat man sich satt daran gesehen oder man möchte gerne mal etwas Neues ausprobieren... Statt die Pflanzen dem Kompost zu überantworten, sind viele Balkongärtner froh, wenn sie ihre Schützlinge an andere Interessenten abgeben können. Probieren Sie doch auf Pflanzentauschbörsen der Kleingartenvereine Ihr Glück; außerdem finden Sie Inserate für verschiedene Börsen und Versteigerungen in Gartenzeitschriften oder im Internet.

Töpfe müssen nicht teuer sein

Auch für die Pflanzgefäße müssen Sie nicht gleich ein Vermögen in Terrakotta ausgeben. Ausgediente Haushaltsgegenstände wie Töpfe, Pfannen, Kasserollen oder Gartengeräte wie Schubkarren lassen sich einfach in Pflanzgefäße umwandeln, indem man in die Böden Löcher hineinbohrt. Vor allem auf Flohmärkten wird man reichhaltig fündig. Und wenn einem die Optik eines alten Stücks nicht gefällt, schleift man es mit Schmirgelpapier ab und streicht es neu. Gut zu wissen: Die Pflanzen selbst gedeihen in günstigen Plastiktöpfen am besten, da hier der Wasser- und Wärmehaushalt ausgeglichen ist. Für den richtigen „Look" stellt man sie in Übertöpfe, ohne diese jedoch direkt zu bepflanzen. Dadurch lassen sich die Übertöpfe leicht austauschen und zu immer neuen Balkonbildern arrangieren, ohne dass es einen Cent extra kosten würde. Heben Sie alle Plastiktöpfe auf, sie dienen später der eigenen Nachzucht. Sie sollten jedoch die Gefäße vor dem „Recycling" gründlich reinigen. In den Erdresten der Vorgänger können Krankheiten oder Schädlinge stecken, die die neu herangezogenen Pflanzen infizieren.

Weniger ist mehr!

Sobald die gesamte Verantwortung auf einen selbst übergeht, merkt man erst, was regelmäßige Pflanzenpflege bedeutet: etwa während der Semensterferien einen „Pflanzensitter" zu suchen oder die Pflanzen woanders einzuquartieren. Deshalb ist es gut, bescheiden einzusteigen. Fangen Sie nicht gleich mit Balkonkästen „am laufenden Meter" an. Wenige Exemplare in Einzeltöpfen oder Blumenampeln genügen und lassen sich im Zweifelsfall leicht transportieren und unterbringen. Der Gießaufwand hält sich in Grenzen und kann selbst im Prüfungsstress noch zwischendurch erledigt werden.

„Multifunktionale" Pflanzen

Stellen Sie Zimmerpflanzen beim Ausräumen im Mai nicht gleich in die volle Sonne. Sie müssen sich erst an die Einstrahlung gewöhnen, sonst bekommen sie wie unsere Haut einen Sonnenbrand.

Praktisch sind Arten, die im Sommer den Balkon, im Winter die Wohnung schmücken. Einige Zimmerpflanzen erfüllen diesen Zweck: Zierbanane (*Musa/Ensete*, Seite 25), Birkenfeige (*Ficus benjamina*), Bogenhanf (*Sansevieria*) oder Hibiskus (*Hibiscus rosa-sinensis*, Seite 29) fühlen sich drinnen wie draußen wohl. Auch Palmen wie Dattelpalme (*Phoenix*, Seite 15) oder Petticoat-Palme (*Washingtonia*, Seite 15) sind flexible Topfgäste, die im Sommer ins Freie können, im Winter drinnen überdauern. Kosten für langlebige Kübelpalmen fallen nur ein Mal an, sie werden uralt. Und sofern es sich um massenweise kultivierte und gehandelte Palmenarten handelt, sind die Preise durchaus erschwinglich. Noch einfacher hat man es mit Kakteen: im Winter genügen schmale Fenstersimse, im Sommer fühlt man sich auf dem Balkon wie beim „Urlaub in Mexiko" – obendrein blühen sie wunderschön (siehe dazu auch Seite 34ff.).

Preiswert: Holzkisten als „Übertöpfe".　　*Einfach eingehängt: Topfhalter aus Blech für Balkongeländer.*

Studenten(blumen) *unter sich*

Wenn man nach einer Balkonblume sucht, die preisgünstig, pflegeleicht und ein Dauerblüher par excellence ist, kommt man unweigerlich zu den Studentenblumen (*Tagetes*). Als „altbacken" eingestuft, werden die Pflanzen von jungen Leuten oft abgelehnt. Dabei liegen sie mit ihren orangen, roten und gelben Farben voll im Trend! Die Sorten-Auswahl ist schier unerschöpflich: Wer es schlicht einfarbig mag, findet ebenso das Richtige wie Fans des Kunterbunten. Besonders farben- und formenreich sind die *Tagetes-Patula-*Hybriden. Ihre Zwerg-Sorten sind mit 20 bis 40 cm

Studentenblumen für Studenten.

Höhe ideale Topfgäste. *Tagetes-Erecta*-Hybriden tragen große, dicht gefüllte Blüten, die tatsächlich eher auf Großmutters Balkongarten (siehe Seite 84) passen.

Denkbar einfach in der Pflege

Alle gängigen Studentenblumen-Sorten gibt es preiswert in der Saattüte. Man streut sie im Februar oder März auf erdgefüllte Anzuchtschalen, deckt sie ab und stellt sie bei rund 20 °C auf. Die Keimlinge können schon nach zwei bis drei Wochen in Einzeltöpfe umgesetzt werden, die ab Mitte Mai ins Freie dürfen. Entspitzen fördert die Verzweigung und Blütenbildung. Lassen Sie die Erde nicht austrocknen.

Kleinblütige „Studenten" (*Tagetes patula*)

Sortenname	Blütenform und -farbe
'Aton Bee'	dicht gefüllt, braunrot mit gelben Rändern
'Aurora Yellow Fire'	gefüllt, zitronengelb mit rotem Mittelfleck
'Bonanza Bee'	dicht gefüllt, rot mit gelbem Rand
'Boy Orange'	dicht gefüllt, einfarbig orange
'Disco Orange'	einfach, einfarbig leuchtend orange
'Granada'	einfach, breiter, gelber Rand mit roter Mitte
'Hero Yellow'	gefüllt, einfarbig zitronengelb
'Jacket Honeycomb'	gefüllt, leuchtendes Braunrot mit gelber Randzeichnung
'Janie Spry'	dicht gefüllt, untere Kränze dunkelrot, obere hellgelb
'Jumbo Bicolor'	dicht gefüllt, gelb mit roter Mitte, sehr großblütig
'Red Marietta'	einfach, rot mit gelbem Rand
'Safari Tangerine'	dicht gefüllt, orange mit roten Flecken
'Sunburst Orange and Red'	einfach, orange mit roten Rändern
'Zenith Red and Gold'	dicht gefüllt, gelb mit unregelmäßigen roten Sprenkeln oder Rändern

Ideen für *Berufstätige* und *Singles*

Wer den ganzen Tag außer Haus ist, steckt in einem Dilemma: Einerseits möchte man sich am Abend in einer gemütlichen Wohnung mit schön bepflanzter Dachterrasse oder auf einem üppig blühenden Balkon entspannen, andererseits fehlt einem die Zeit für die Pflege, ja schon fürs Einrichten. Doch es gibt Lösungen!

Geld spart Zeit: Balkonkasten-Service

Berufstätige zwickt meist weniger der Geldbeutel als vielmehr der Mangel an Freizeit. Investieren Sie deshalb möglichst wenig Ihrer arbeitsfreien Zeit für die reine Pflanzarbeit. Das nehmen Ihnen Gärtnereien vor Ort ab. Sie bringen Ihre Pflanzgefäße dorthin, besprechen die Bepflanzung oder suchen sich die gewünschten „Zutaten" selbst aus. Und wenige Tage später können Sie die fertigen Kästen abholen oder bringen lassen. Natürlich kostet dieser Service Geld, aber Sie können sich gleich das erste schöne Wochenende im Mai auf Ihrem Freisitz entspannen und müssen nicht erst daran denken, schwere Säcke mit Blumenerde in die Wohnung zu schleppen, in überfüllten Gartencentern Pflanzen auszusuchen und ewig an der Kasse zu stehen. Gärtnereien vor Ort bieten Ihnen in der Regel eine fundierte Beratung an und stimmen die Bepflanzung auf Ihre Standortverhältnisse und Pflegemöglichkeiten ab.

Ähnlich können Sie verfahren, wenn Ihr Herz statt für Sommerblumen eher für langlebige Kübelpflanzen schlägt. Fachbetriebe bieten einen entgeltlichen Überwinterungsservice für Ihre Schützlinge an, in dem das Abholen im Herbst und das Bringen im Frühling enthalten ist. So müssen Sie selbst in Wohnungen, die keinerlei Möglichkeiten zur kühlen Überwinterung mediterraner Pflanzen haben, nicht auf Ihre Urlaubsstimmung zu Hause verzichten.

Automatische Helfer

Wenn Sie nicht nur täglich lange unterwegs, sondern auch noch laufend auf Reisen sind, scheint ein grüner Balkon nahezu aussichtslos. Doch Sie können die Technik zu Hilfe nehmen: Kleine Bewässerungscomputer, die direkt am Wasserhahn oder an eine Pumpe im Regenwasserspeicher angeschlossen werden, sind praktische Gießhelfer. Sie lassen sich individuell einstellen und versorgen Ihre Pflanzen für ein bestimmtes Zeitintervall pro Tag mit Wasser. Vom Computer führen Schläuche mit Abzweigungen zu den einzelnen Pflan-

Entspannen statt schuften: Wenige Pflanzen tun es auch!

zen. An ihren Enden sind Düsen oder Tropfer installiert, die sich einzeln regulieren lassen. So können Sie während der Bewässerungsdauer die eine Pflanze stärker versorgen, während eine andere nur wenige Tropfen erhält. Günstig für die Leitungsverteilung ist es natürlich, wenn Sie statt einer Fülle weit verstreuter, kleiner Töpfe wenige, dafür aber stattliche Einzelexemplare haben.

Solitärs sind sicher

Achten Sie beim Kauf weniger auf die Optik als auf die Gesundheit und Vitalität der Pflanzen. Kronenlücken wachsen sich rasch aus oder werden durch einen Schnitt korrigiert.

Als Solitärpflanzen bezeichnet man größere Einzelpflanzen, die bereits eine stattliche Größe haben. Sie sind für Leute, die selten daheim sind, die bessere Alternative zu kleinen Jungpflanzen. Während letztere bei Pflege-Unregelmäßigkeiten kaum etwas zuzusetzen haben und schon binnen weniger Stunden austrocknen und Schaden nehmen können, haben große Pflanzen ein sattes Erdvolumen, in dem Wasser und Nährstoffe für Tage gespeichert werden können. Kommt es dennoch zu Mangelsituationen, haben erwachsene Exemplare genug Kraftreserven, um sie ohne Verluste zu meistern. Deshalb ist es ratsam, lieber etwas mehr Geld für wenige Einzelpflanzen auszugeben als wenig Geld für viele kleine, was am Ende doch teuer kommt, wenn Sie in heißen Sommern einige davon verlieren.

Lieber Pflegeleichtes als Dauerblüher

Der Begriff „pflegeleicht" wird bei Pflanzen zum Teil sehr missverständlich eingesetzt. Dem Wortsinn zufolge müssten damit alle diejenigen Arten gemeint sein, die wenig Wasser, kaum Dünger und keinen Rückschnitt oder sonstige Pflegemaßnahmen benötigen. In Wahrheit aber werden nur allzuoft Pflanzen damit bezeichnet,

Dufte Pflanzen für den Feierabend-Balkon

1 Vanilleblume
(Heliotropium arborescens)

Pflanze: Diese mehrjährigen Halbsträucher tragen ihren Namen wirklich zu Recht: ihre violetten Blüten duften lieblich nach Vanille und locken damit Schmetterlinge in Scharen an. Mit 30 cm sehr kompakt bleiben die tiefblauen und violettblauen Sorten 'Mini Marine' und 'Blue Wonder'.
Standort: Sonne ist gut, solange die Erde stets feucht bleibt. Beschatten Sie den Wurzelbereich, da Hitze die Wurzeltätigkeit und damit die Versorgung der ganzen Pflanze hemmt.
Pflege im Sommer: Der Düngebedarf ist nicht hoch: eine Gabe alle 14 Tage genügt. Entspitzen Sie die Triebe bei Gelegenheit, damit die Sträucher schön buschig wachsen.
Pflege im Winter: Überwinterung bei hellen 10 bis 15 °C unproblematisch.
Gesundheit: Gelegentlich Weiße Fliege.

2 Zier-Tabak
(Nicotiana × sanderae, N. alata)

Pflanze: Ein Pfeifchen können Sie mit den Blättern dieser Tabak-Art nicht schmauchen, dafür aber den abendlichen, süßen Duft der röhrenförmigen Trichterblüten von Juni bis Oktober genießen. Serien wie 'Star-Ship', 'Vip' oder 'Saratoga' erreichen 30 bis 40 cm (rot, rosa, weiß, gelb).
Standort: Zugfreier Halbschatten.
Pflege im Sommer: Die rund 50 cm hohen Pflanzen brauchen im Hochsommer täglich eine gute Portion Wasser und jede Woche Dünger.
Pflege im Winter: Eine Überwinterung wäre bei den von Natur aus Einjährigen müßig. Man sät sie ab März neu aus und stellt sie ab Mai ins Freie. Die lichtkeimende Saat wird nur aufgestreut und nicht bedeckt.
Gesundheit: Mehltaupilze können die Blätter befallen, wenn der Standort zu heiß oder luftfeucht ist.

die überreich blühen und damit auch in den Händen eines Laien tolle Ergebnisse bringen. Genau sie sind es aber, die meist Wasser in Massen, Dünger gleich zwei Mal pro Woche und einen Rückschnitt alle vier bis sechs Wochen benötigen. Hierunter fallen zum Beispiel überaus beliebte Topfgäste wie Blauer Nachtschatten (*Lycianthes rantonettii*), Oleander (*Nerium oleander*, Seite 14) oder Strauchmargerite (*Argyranthemum*, Seite 99). Wer sie nicht täglich pflegen kann, wird auch keine schöne Blüte bewundern können. Hinterfragen Sie deshalb das Etikett „pflegeleicht" kritisch und ziehen Sie Fachpersonal zu Rate, um den tatsächlichen Pflegeaufwand herauszufinden. Geranien beispielsweise sind aufgrund ihrer wasserspeichernden Stängel und Blätter wirklich pflegeleicht. Auch Schmucklilie (*Agapanthus*, Seite 43) oder Olive (*Olea europaea*, Seite 139) gedeihen bei Leuten mit wenig Zeit bestens, da sie wenig Wasser brauchen und Dürre schadlos tolerieren.

Willkommensgruß der duften Art

„Pflegefälle" wie Engelstrompeten sind einfacher zu kultivieren, wenn sie in sehr großen Töpfen wachsen. Viel Erde kann viel Wasser speichern und die Versorgung sichern.

Berufstätige kommen meist erst abends dazu, ihren Balkon zu nutzen. In der Abenddämmerung verlieren Blüten jedoch rasch an Leuchtkraft. Sorgen Sie dafür, dass stattdessen Wohlgerüche durch die Luft wehen. Setzen Sie Pflanzen wie Zier-Tabak (*Nicotiana*, Seite 64) oder Engelstrompete (*Brugmansia*, Seite 66f.) ein, die ihr Blütenparfüm erst in den Abendstunden verströmen. Und wenn Sie am Wochenende auch tagsüber zu Hause sind, sorgen Jasmin, Sternjasmin und Vanilleblume für gute Luft (siehe Portraitleiste unten). Unter den Sommerblumen sorgen Levkoje (*Matthiola*, Seite 85), Duftsteinrich (*Lobularia*, Seite 97), Goldlack (*Erysimum*) und Duftwicke (*Lathyrus*, Seite 110) für das „Tages-Parfüm".

3 Jasmin
(Jasminum)

Pflanze: Der Name Jasmin ist gleichbedeutend mit „Parfüm" und verführerisch duftenden Blüten, die junge Frauen ferner Länder gerne als Kränze im Haar tragen. Je nach Art blühen die wüchsigen Kletterpflanzen zu unterschiedlichen Jahreszeiten. Für's Freie sind sommerblühende Arten wie *J. officinalis* (sommergrün), *J. sambac* oder *J. azoricum* (beide immergrün) am besten geeignet.
Standort: Halbschatten ist gut, volle Sonne (jedoch ohne Hitze) besser.
Pflege im Sommer: Der Wasserbedarf ist mäßig, eine Düngegabe alle 10 Tage ist ausreichend.
Pflege im Winter: Wenn bei heller Überwinterung und 5 bis 15 °C dennoch einige Triebe zurücktrocknen, ist das kein Problem: im Frühling sprießen aus den Wurzeln viele neue.
Gesundheit: Selten Blattläuse.

4 Sternjasmin
(Trachelospermum jasminoides)

Pflanze: Trotz des ähnlichen Namens zählen diese immergrünen, langsam wachsenden Kletterpflanzen anders als die Jasmine (Ölbaumgewächse) zu den Hundsgiftgewächsen (Apocynaceae). Die radförmigen Blüten verströmen im Hochsommer für viele Wochen ihren süßen Duft.
Standort: Halbschattige Lagen sind ebensogut wie sonnige. Wird es des Guten zu viel, färben sich die Blätter rötlich und schützen sich so selbst vor zu hohem Lichtgenuss und Hitze.
Pflege im Sommer: Die Ansprüche sind gering. Wer normal gießt und düngt, macht es richtig. Leiten Sie die Triebe an die Kletterhilfen heran.
Pflege im Winter: Für die Immergrünen ist ein heller, kühler Platz nötig. Da sie eine gute Portion Frost vertragen, müssen sie erst spät ins Haus.
Gesundheit: Schädlinge gibt's nicht.

Himmlischer Blütenchor: *Engelstrompeten*

Ob *Brugmansia* oder *Datura*: Engelstrompeten lassen sich aus Stecklingen sehr leicht vermehren. Die Triebspitzen wachsen meist schon binnen 14 Tagen an.

Sie sind keine Seltenheit: Engelstrompeten mit über 100 Blüten pro Saison, ja sogar mit 500 und mehr. Die Nachtschattengewächse wachsen und blühen, was das Zeug hält und machen so auch Einsteigern die Freude einer Blütenpracht, wie sie in botanischen Gärten unter professioneller Pflege nicht üppiger sein könnte. Die botanische Namensgebung ist nicht leicht zu durchschauen, zumal sie sich in den letzten Jahren wiederholt geändert hat. Die meisten Engelstrompeten fasst man derzeit unter der Gattung *Brugmansia* zusammen. Zur Gattung *Datura* gehören Wildarten wie *Datura metel*, die aufgrund der Fructform den deuschen Namen „Stechapfel" trägt.

Viel ist gerade genug

Bei der Pflege können Sie im Grunde nichts falsch machen, wenn Sie stets mehr nehmen als normal. Beim Gießen können Sie pro Topf gleich mehrere Kannen voll einplanen, wobei anschließend immer noch ein Vorrat im Untersetzer stehen sollte, der an sonnigen Tagen bis zu Ihrer Rückkehr am Abend aufgebraucht wird. Wenn Sie tagsüber außer Haus sind und auf den Mehrbedarf im Sommer nicht reagieren können, empfiehlt sich statt eines vollsonnigen ein halbschattiger Standort. Hier verliert das große, weiche Laub weniger Wasser. Auch beim Düngen ist mit zwei Gaben pro Woche Menge angesagt. Verzichten Sie aber auf Volldünger wie so genanntes „Blaukorn". Sie sind so hoch konzentriert, dass die Nährstoffflut selbst diesen Giganten zu viel wird. Arbeitserleichternd sind

Ein Traum: Die schönsten Engelstrompeten-Sorten

Sortenname	Blüte	Merkmale
'Apricotqueen'	apricot- bis lachsfarben	robuste Sorte
'Big Jim'	weiß gefüllt	großblütig, neuere Sorte
'Charles Grimaldi'	gelb, später orange	bewährte Sorte
'Charleston'	weiß gefüllt; doppelstöckig	sehr attraktive Blütenform
'Charly'	gelblich-lachsfarben gefüllt	maßvoll im Wuchs
'Charming'	gelb-orange	frühblühend, sehr robust
'Cinderella'	rosa	sehr kräftiger Blütenfarbton
'Cream & Peach'	cremefarben	Laub weiß-gelb gefleckt
'Doppeltes Lottchen'	weiß gefüllt	blühfreudig, robust
'Dornröschen'	dunkelrosa	großblütig, sehr robust
'Engelsglöckchen'	weiß	mit Vanilleduft
'Exotica Pink'	pink-rot, bis 40 cm lang	außergewöhnlich kräftige Blütenfarben
'Flamenco'	orangerot mit dunklerem Saum	maßvoll im Wuchs, Blüten lange haltbar
'Gelber Riese'	zitronengelb	starkwüchsig, gut für Hochstämme geeignet
'Golden Lady'	creme gefüllt, kleinblütig	maßvoll im Wuchs
'Goldrausch'	gelb	mäßig im Wuchs

Engelstrompeten sind sehr reich- und großblütig.

Langzeitdünger, die Sie zunächst im April auf die Erde streuen oder beim Umtopfen unter die frische Erde mischen. Nehmen Sie jedoch rund 50% mehr als die Hersteller auf der Packung angeben. Trotzdem ist Mitte bis Ende Juni oft eine weitere Gabe nötig, um den hohen Bedarf bis zum Düngestopp Ende August zu decken.

Rückschnitt mit Umsicht

Auch beim Rückschnitt dürfen Sie kräftig zulangen und die Kronen, die in einer Saison gut eine Mannslänge an Höhe zulegen können, wieder auf ein überschaubares Maß zurückstutzen. Übertreiben Sie dabei jedoch nicht, denn je tiefer man die Kronen schneidet, umso länger dauert es im Frühling, bis die Zweige erste Blüten ansetzen. Erhält man dagegen ein gewisses Astgerüst, starten die langlebigen Sträucher schneller durch und setzen ab Juni ihre prächtigen Blütentrichter an, die mehr als 40 cm Länge erreichen können. Viele Sorten sind tagsüber eingedreht und öffnen sich erst am Abend, um dann gleich noch einen intensiven Duft zu verströmen. Genau das Richtige also für alle Terrassen, die man erst dann ausgiebig nutzt, wenn der Arbeitstag zu Ende ist. Die Sortenauswahl ist enorm, da sich Engelstrompeten gut züchten lassen und auch bei Hobbygärtnern immer neue Spielarten hervorbringen. Sie haben die Qual der Wahl!

Sortenname	Blüte	Merkmale
'Goldtraum'	gelb mit dunklerem Rand	reichblühend, vergleichsweise schwachwüchsig
'Grand Manier'	apricotfarben	reichblütig, alte Sorte
'Guadaloupe'	creme-aprikotfarben	Blüten 40 cm lang
'Herrenhäuser Gärten'	orange gefüllt	bewährte Sorte
'Hofwil'	apricotf. mit langen Zipfeln	sehr elegante Blütenform
'Kaskade'	weiß, später apricotfarben	Blüten bis 45 cm Länge
'Maya'	apricotfarben	Laub weiß-grün gefleckt, blühfreudig
'Mobisu'	lachsfarben/rosa/orange	blüht auch in absonnigen Lagen sehr gut
'Perfektion'	rosa gefüllt	sehr guter Blütenansatz
'Pink Favorite'	rosa mit dunklerem Saum	Blüten bis zu 40 cm lang, wärmebedürftig
'Rheinhausen'	(creme-)gelb gefüllt	trotz Füllung robuste Sorte
'Rosalie'	dkl.rosa mit langen Zipfeln	sehr auffällige Blütenform
'Savannah'	cremefarben gefüllt	neuere Sorte
'Superba'	creme-gelb gefüllt	neuere Sorte
'Tiara'	lachsfarben	wohlduftend, bewährte Sorte
'Tutu'	weiß gefüllt	maßvoll im Wuchs

Architektonische Lösung (oben) und Spielspaß für Kinder (unten).   *Amphore als Wassersprudler.*

Kühl und klar:
Lebenselexier Wasser

Ohne Wasser wäre das Leben zum einen undenkbar, zum anderen auch nur halb so schön. Wie gerne fahren wir im Sommer ans Meer, um nach ausgiebigem Sonnenbaden zur Erfrischung in das kühle Nass zu springen. Auf der Terrasse und dem Balkon daheim ist kein Platz für einen Pool, in den man eintauchen könnte.

Doch dafür bieten sich andere Möglichkeiten.

Mini-Teiche in Bottichen

Größere Gefäße lassen sich als Mini-Teiche gestalten. Dazu eignen sich zum einen Mörtelkübel aus dem Baumarkt, deren Wände stabil genug sind, um dem Was-

serdruck standzuhalten. Schön sind alte Badewannen, doch brauchen sie wegen ihrer Länge einigen Platz. Kompakter sind Holzbottiche. Sie sind als Neuwaren erhältlich. Oder Sie haben Glück und können ein ausgedientes Weinfass (Barrique-Fässer) erwerben. Das Wasser bringt das Eichenholz zum Quellen und macht die Fasswand dicht, ohne dass man Dichtungsmittel einsetzen muss. Trocknet das Holz aus, schrumpft es und die Dauben klaffen auseinander. Lassen

gleichen Grund sind halbschattige Plätze für Mini-Teiche am besten geeignet: hier heizt sich das Wasser weniger schnell auf. Versuchen Sie, das Wasser möglichst nicht zu tauschen und nur mit sauberem Regenwasser nachzufüllen. So stellt sich am ehesten ein natürliches Gleichgewicht ein, das Algen in Zaum hält. Fadenalgen können Sie mit den Fingern oder mit einem Stab herausziehen.

Auch ohne Pflanzen schön

Keine Probleme mit Algen haben Sie, wenn Sie die Gefäße unbepflanzt lassen und stattdessen mit einer kleinen Fontäne oder einem Sprudler ausstatten. Gerne werden hierfür bauchige Gefäße oder Amphoren verwendet, die für orientalisches Flair sorgen. Durch die ständige Umwälzung bleibt das Wasser vergleichsweise kühl und sauerstoffreich. Sollte es dennoch schmutzig oder von Algen durchzogen werden, kann

man es jederzeit auswechseln. Schrubben Sie die Gefäßinnenwände gründlich, damit sich hier keine Algenreste verbergen, die ein neuerliches Besiedeln erleichtern würden. Achten Sie stets auf einen ausreichenden Wasserstand: Pumpen im Leerlauf laufen heiß und gehen schnell kaputt. Wer keinen Stromanschluss hat, kann Solarpumpen einsetzen, die mit Hilfe kleiner Solarzellen bei Sonnenschein genug Energie für den Eigenbetrieb gewinnen.

Immer auf Trab

Inspiriert durch die aus Bambusrohren gefertigten „Klipp-Klapps" asiatischer Gärten, erfreuen sich Wasserspiele aus mehreren, ineinandergreifenden Elementen großer Beliebheit. Dabei wird das Wasser zum höchsten Punkt befördert, um eine Schale zu füllen. Läuft sie über, füllt sie darunter gelegene Behälter, bis das Wasser im Speicherbecken ankommt.

Alte Zink-Badewannen eignen sich als Mini-Teiche mit Seerosen.

Sie die Fässer möglichst nicht mit Holzschutzmitteln ein. Sie geben Stoffe in das Wasser ab, die den Wurzeln schaden könnten. Auch ohne Holzschutz halten dauernasse Hölzer jahrzehntelang.

Weniger ist mehr

Bepflanzen Sie die Mini-Teiche nur sparsam. Pro Quadratmeter Wasserfläche genügen ein bis zwei Pflanzen. Da sich das geringe Wasservolumen in der Sonne rasch erwärmt und Sauerstoff verliert, reicht sonst der Sauerstoffgehalt nicht aus. Die Folge sind Algenprobleme. Aus dem

Pflegeleichte Balkone für **Senioren**

Mit dem Alter wird zwar vieles nicht unbedingt leichter, aber dafür hat man meist mehr Zeit als in jungen Jahren und kann die Dinge des Alltags besonnen erledigen. Und Gärtnern hält bekanntlich jung! Lassen Sie sich deshalb von ersten körperlichen Einschränkungen nicht entmutigen, auch als Senior Ihrer Liebe zu schönen Pflanzen zu folgen und den Balkon jedes Jahr farbenfroh einzurichten. Die Technik und ein paar einfache Tricks helfen Ihnen, sich die Arbeit zu erleichtern.

Vom Samenkorn zur Blüte

Wer im April und Mai vorgezogene Pflanzen beim Gärtner kauft, muss diese auch nach Hause bringen. Das bedeutet oft lange Wege und Schlepperei. Einfacher haben Sie es, wenn Sie Ihre Pflanzen aus dem Samenkorn selbst ziehen. Mit den kleinen Saattütchen können Sie Ihren Bedarf an Balkonpflanzen mit einem einzigen Einkauf eindecken. Und wenn Sie im Herbst von Ihren Pflanzen eigene Samen ernten, entfällt sogar das. Aber: Nicht alle Sommerblumen setzen Samen an, bei gefüllten Sorten etwa wurden ihre Staubfäden zu Blütenblättern umgewandelt. Andere sehen deutlich anders aus als die Mutterpflanzen, wenn man die Saat heranzieht. Man kann sie nur sortenecht vermehren, indem man die Elternpflanzen erneut miteinander kreuzt und den Samen der ersten Generation erntet (F1-Hybriden). Bei züchterisch weitgehend unbeeinflussten Arten wie

Klein, aber mein: Ein pflegeleichtes Blumenmeer mit Geranien vorm Fenster.

Jungfer im Grünen (*Nigella*, Seite 93), Goldmohn (*Eschscholzia*) oder Glockenblumen (*Campanula*) lohnt sich die eigene Ernte jedoch allemal. Für die Saatschalen brauchen Sie anfangs nur wenig Erde. Verwenden Sie frisches, keimfreies Substrat für eine erfolgreiche Anzucht. Die Keimlinge werden bis zu ihrem Umzug ins Freie in immer größere Töpfchen umgesetzt. Dieses schrittweise Vorgehen verteilt die Arbeit und beschert Ihnen nicht viel Mühe. Die Vorteile der eigenen Anzucht gelten jedoch nicht nur für einjährige Sommerblumen, sondern auch für Zweijährige wie Stiefmütterchen oder Maßliebchen (siehe Seite 72), Vergissmeinnicht (*Myosotis*) oder Goldlack (*Erysimum*). Sie werden im Juli oder August gesät und während des Winters mit Fichtenreisig vor Kälte geschützt. Im März setzt man Stiefmütterchen und Maßliebchen in ihre endgültigen Schalen um.

Pflegeleichte Pflanzen

Wählen Sie bei den Pflanzen solche aus, die keine hohen Ansprüche stellen und die nicht gleich mit der Blüte aussetzen, wenn Sie aus gesundheitlichen Gründen mal nicht zum regelmäßigen Gießen oder Düngen kommen. Geranien (*Pelargonium*, Seite 46f.) sind in diesem Sinne sehr dankbare Balkongäste, ebenso Husarenknopf (*Sanvitalia*) oder Fächerblume (*Scaevola*, beide Seite 102), Eisenkraut (*Verbena*, Seite 104) oder Bärenkamille (*Ursinia anethoides*). Auch Nelken (*Dianthus*), Studenten- und Ringelblumen (*Tagetes/Calendula*, Seiten 61 und 81) tolerieren kleine Pflegeschwankungen. Wirklich einfach zu halten sind wahre Trockenkünstler wie Papierblume (*Xeranthemum*), Portulakröschen oder Meerlavendel (siehe Portraitleiste unten), die Sie auch bei leichter Vernachlässigung mit einer reichen Blüte verwöhnen.

Salbei (*Salvia*, Seite 124), Lavendel (*Lavandula*, Seite 98), Thymian (*Thymus*, Seite 119) und andere aus der Kräuter-Fraktion sind ebenfalls nicht anspruchsvoll, was regelmäßige Wasser- und Düngergaben anbelangt, und bieten obendrein frische Würze für die Küche. Sie müssen nur wenige Schritte hinaus auf Balkon oder Terrasse gehen, um ein paar Blättchen oder Halme zu ernten.

Die dritten im Bunde der Pflegeleichten sind einige Vertreter der Zwiebel- und Knollenpflanzen: beispeilsweise Dahlien (*Dahlia*-Hybriden, Seite 82), Gladiolen (*Gladiolus*-Hybriden) oder Indisches Blumenrohr (*Canna indica*, Seite 28). Durch Vorräte in ihren fleischigen Speicherorganen sind sie in der Lage, Unregelmäßigkeiten in der Wasser- und Nährstoffversorgung auszugleichen. Und für die Vasen im Haus bieten sie obendrein eine dekorative Blütenfülle.

Blütenfreude bis ins hohe Alter

1 Stiefmütterchen
(Viola × wittrockiana)

Pflanze: In ihre fröhlichen Blütengesichter möchte man am liebsten das ganze Jahr blicken, sie blühen jedoch nur bis Mai. Jede Saison kommt eine Fülle von Neuheiten heraus, eine schöner als die andere. Da bleibt bei hunderten von Sorten genug, um ein Le-ben lang jährlich Neues zu probieren.
Standort: Luftfeuchter Halbschatten ist den ursprünglichen Waldbewohnern lieber als volle Sonne.
Pflege im Sommer: Nach der Blüte lohnt eine Weiterkultur nicht. Dafür sät man ab Juli den neuen Satz fürs nächste Jahr, der geschützt im Freien überwintert. Viele blühen bereits von Oktober bis November, um dann ab März wieder einzusetzen. Kälte und Schnee schadet den Blüten nicht.
Pflege im Winter: Mit Reisig bedecken.
Gesundheit: Frische Erde verwenden, sonst drohen Wurzelprobleme.

2 Maßliebchen
(Bellis perennis)

Pflanze: Ein Frühling ohne die großblütigen Schwestern der Gänseblümchen, auch "Tausendschön" genannt, wäre nur halb so schön. Kältefest und mit 4 bis 6 cm Blütendurchmesser riesig sind die Sorten der 'Tasso'-, 'Robella'- oder 'Roggli'-Serie. Kleinblumig sind 'Rominette' oder 'Galaxy'.
Standort: Ob Sonne oder Halbschatten: Die dicht gefüllten Blütenpompons erscheinen zuverlässig von April bis Juni, in milden Jahren schon ab März.
Pflege im Sommer: Der Wasserbedarf ist mäßig, die Erde sollte aber stets leicht feucht sein.
Pflege im Winter: Die Lichtkeimer werden im Juli gesät und im Freien unter einer schützenden Reisigdecke überwintert.
Gesundheit: Blattläuse und Pilzerkrankungen können auftreten.

Der Segen der Technik

Wenn Sie Ihre freie Zeit gerne nutzen, um wegzufahren, übernehmen automatische Bewässerungssysteme die Blumenpflege (siehe Seite 62f.). Gleiches gilt, wenn Sie unerwartet krank werden. Dann brauchen Sie sich um einen kurzfristig verfügbaren „Pflanzensitter" keine Gedanken zu machen. Die Installation der Systeme ist nicht schwer und auch das Bedienen der kleinen Bewässerungscomputer erlernbar, selbst wenn Sie sonst keinen Computer anfassen. Vielleicht können Ihnen auch Ihre Nachbarn, Kinder oder Enkel bei der Erstinstallation helfen. Danach laufen die Systeme von alleine.

Was im Balkongarten zu viel an Blüten ist, startet in der Vase eine zweite Karriere.

Machen Sie sich 's leicht!

Beim Gießen müssen Sie sich nicht mit schweren Gießkannen abmühen. Schließen Sie eine kleine Tauchpumpe, die in einer Regentonne oder einem Regenwasserspeicher mündet, an einen Gießschlauch an – und schon können Sie ohne Tragerei täglich gießen. Um höher gelegene Pflanzen in Ampeln, Wandtöpfen oder auf Etagèren zu erreichen, bietet der Fachhandel Gießhilfen mit Verlängerungsgriffen oder abgewinkelten Düsen an. Idee: hängen Sie Ampelpflanzen an einen Flaschenzug. Anstatt sich zu niedrig stehenden Pflanzen herabzubeugen, sollten diese zu Ihnen aufrücken: Sie werden auf ausgediente Tische oder Pflanzenstellagen, Holzkisten oder alte Leitern gestellt. So sind sie ohne Bücken jederzeit erreichbar, man kann Unkräuter auszupfen, die Pflanzen düngen und gießen.

---

3 **Portulakröschen**
(Portulaca grandiflora)

Pflanze: Trotz des bot. Artnamens („großblütig") sind die Blüten der einjährigen Sommerblumen weniger groß als großartig. Denn die Leuchtkraft und der Glanz der gelben, roten, orange- oder rosafarbenen Blüten ist bestechend. Dicht gefüllt sind die Sorten der 'Margarita'-Serie.
Standort: Volle Sonne sollte sein. An trüben Tagen öffnen sich die Knospen gar nicht oder unvollständig.
Pflege im Sommer: In den schmalen, verdickten Blättern wird Wasser und Dünger gespeichert, der über sommerliche Stressphasen hinweghilft. Mit der Pflege muss man es daher nicht allzu genau nehmen.
Pflege im Winter: Frisch ausgesät wird ab März im Zimmer. Alternativ bewurzelt man im Sommer Stecklinge, die bei 10 bis 15 °C überwintern.
Gesundheit: Keine Schädlinge.

4 **Meerlavendel**
(Limonium sinuatum)

Pflanze: Wenn Sie diese einjährig gezogenen Pflanzen unter dem Namen „Meerlavendel" nicht kennen, dann vielleicht als „Statice" oder „Strandflieder". Die Blüten eignen sich hervorragend zum Trocknen. Mit 30 cm sehr kompakt ist der 'Petite Bouquet Mix', Schnittsorten wie die 'Forever'- oder 'Fortress'-Serie erreichen 60 cm (blau, weiß, gelb, rosa).
Standort: Ein vollsonniger Platz ist ideal, Hitze kein Problem, Nässe dagegen schon. Verwenden Sie für die Strandbewohner gut durchlässige, steinige oder sandige Erde.
Pflege im Sommer: In normalen Sommern ist Regen ausreichend. Gedüngt wird monatlich.
Pflege im Winter: Aussaat ab März. Decken Sie die Samen nicht ab, da sie Lichtkeimer sind.
Gesundheit: Völlig robust.

Finden Sie Ihren Stil

Die Gestaltung von Balkon & Terrasse ist Ausdruck Ihrer individuellen Persönlichkeit, denn hier verwirklichen Sie das, was Ihnen am besten gefällt. Man kann oft gar nicht sagen, warum man sich an einem Ort wohlfühlt, an einem anderen nicht. Ursache sind Stimmungen, die durch Farben, Formen und Kombinationen erzeugt werden. Auf den folgenden Seiten stellen wir Ihnen die schönsten Stile für Ihren Traumbalkon vor.

Üppige Fülle wie **auf dem Lande**

Topfpflanzen sind praktisch: Zieht man um, nimmt man sie einfach mit und kann so seinen „Bauerngarten" im Handumdrehen woanders einrichten.

Sie wohnen mitten in der Stadt und möchten trotzdem beim Blick aus dem Fenster nicht auf triste Hausfassaden, sondern auf ein rustikal-buntes Blumenmeer blicken? Dann sollten Sie Ihren Balkongarten im Stil eines Bauerngartens einrichten. Hier kommt es nicht darauf an, dass die Farben fein aufeinander abgestimmt sind oder sich die Blütenformen optisch ideal ergänzen. Erlaubt ist hier, was gefällt: Tragen Sie Ihre Favoriten unter den Kübelpflanzen, Sommer- und Zwiebelblumen zusammen und ergänzen Sie einige Nutzpflanzen. Denn Bauerngärten sind neben ihrer Blütenpracht vor allem auch praktischer Natur!

Je größer, umso besser

In traditionellen Bauerngärten geht es kunterbunt zu. Alle Farben sind vertreten – aber ein Dreiklang dominiert: Gelb-Orange-Rot. Um sich vom Einheitsgrün der umgebenden Felder und Wälder abzuheben, setzte man früher wie heute leuchtstarke, kräftige Farben und entsprechend große Blüten ein. Sonnenblumen (*Helianthus*, Seite 55), Sonnenhut (*Rudbeckia*, Seite 82) und Studentenblumen (*Tagetes*, Seite 61) dürfen daher im Sommer ebensowenig fehlen wie Dahlien (*Dahlia*, Seite 82) im Herbst. Rosafarbene, blaue und weiße Blüten spielen eine untergeordnete Rolle, sind aber stets mit von der Partie, denn die Farbmischung macht am Ende die bunte Vielfalt aus, die man an Bauerngärten so schätzt.

Ein Sträußchen in Ehren...

... kann niemand verwehren. Und wenn der Balkon noch so klein ist: Blüten für die Vase gibt er allemal her. Ebenso lange haltbar wie langstielig sind beispielsweise Schmuckkörbchen (*Cosmos*, Seite 19), Spinnenpflanzen (*Cleome*, Seite 92), Lev-

Gelb und Rot dominieren die bunte Topfvielfalt in Terrassengärten im ländlichen Stil.

Ein ganzer Garten unter'm Fenster: Hier geht es mit Sommerblumen und Gemüse üppig wie im Bauerngarten zu.

kojen (*Matthiola*, Seite 85), Sonnenblumen (*Helianthus*, Seite 55), Jungfern im Grünen (*Nigella*, Seite 93), Stockrosen (*Alcea*, Seite 78) oder Dahlien (*Dahlia*, Seite 82). Doch auch kurzstielige und kleinblütige Arten sind Kleinode für einen Blumenstrauß, angefangen vom Spanischen Gänseblümchen (*Erigeron*, Seite 103) über Wunderblumen (*Mirabilis*, Seite 85) bis hin zu Zinnien (*Zinnia*, Seite 78) oder Nelken (*Dianthus*).

Leckere Ernte

Doch nicht nur für die Vase können Sie im ländlichen Terrassengarten reichlich ernten. Wie der klassische Bauerngarten sollte auch seine Kopie auf dem Balkon Nutzwert in Form von leckerem Gemüse oder Kräutern in Töpfen bieten. Neben Tomaten fügen sich auch Wärme liebende Paprika und Zucchini in das bunte Allerlei ein. Zier-Kürbisse brauchen zwar große Pflanzgefäße, aber im Gegensatz zur Kultur im Gemüsebeet nicht viel Platz, wenn Sie die Triebe an Klettergerüsten emporleiten. Ein weiterer Vorteil dieser Platz sparenden Methode: Die Früchte berühren die Erde nicht und können so trocken und in voller Sonne ausreifen. Werden die Kürbisfrüchte zu schwer und drohen die Triebe abzubrechen, stülpt man von unten ein Gemüsenetz darüber und hängt dieses im Klettergerüst ein. Dann sind Ihnen die kurios geformten und vielfarbigen Früchte sicher und können im Herbst zur Dekoration dienen, bevor Sie das Fruchtfleisch im Inneren zum Kochen nutzen. Von klassischen Kräutern wie Petersilie, Schnittlauch, Zitronenmelisse, Thymian, Basilikum oder Oregano sollten Sie immer ein Töpfchen parat haben, um damit die täglichen Gerichte zu verfeinern. Auch heimisches oder exotisches Obst ist eine schmackaft-saftige und gesunde Ergänzung (Seite 134ff.).

Pflege ja, aber in Maßen

Auf Terrassen und Balkon im ländlichen Stil kommt es nicht auf Perfektion an. Ob sich ein Blütenstiel durch Wind und Regen zur Seite neigt oder ein paar welke Blüten zwischen den frischen Knospen stehen, sollte nicht stören. Zumal viele Blüten im Verblühen auch noch wunderschön anzusehen sind: Hibiskus-Blüten beispielsweise drehen sich zu eleganten Trichtern zusammen, ebenso Atlasblumen (*Clarkia amoena*, Seite 79) oder Engelstrompeten (*Brugmansia*, Seite 66 f.). Es lohnt sich, sie möglichst lange hängen zu lassen und das Schauspiel zu beobachten, bis sie von selbst zu Boden fallen.

Bunt, bunter, Bauerngarten:
Säen Sie Blumenmischungen.

Kletterpflanzen wie Kapuzinerkresse (*Tropaeolum*, Seite 110), Feuer-Bohne (*Phaseolus*, Seite 109) oder Duftwicke (*Lathyrus*, Seite 110), die in keinem Bauerngarten fehlen dürfen, bekommen auch im ländlichen Topfgarten ihren Platz. Gerne dürfen sie sich am Balkongeländer emporhangeln oder eine benachbarte Pflanze als Rankhilfe nutzen. Erst wenn die „Übergriffe" zu massiv werden, lenkt man die Triebe oder schneidet sie um das erforderliche Maß zurück. So entstehen dichte Blütenteppiche, die gute Laune verbreiten.

Mulch ist in traditionellen Bauerngärten ein Muss, um die Wege sauber zu halten. Auch im Topfbereich sollten Sie dieses Naturmaterial einsetzen, allerdings in anderer Funktion: Wer die Erde seiner Topfpflanzen mit Mulch abdeckt, verhindert nicht nur, dass unerwünschte Wildkräuter keimen, sondern hält auch die Erde länger feucht – ein entscheidender Vorteil für Ihre Pflanzen an heißen Sommertagen! Als Mulchmaterial sind einerseits feiner Rindenhumus geeignet, zum anderen Kies, Blähton oder Muschelschalen. Grobe Rindenhäcksel geben Gerbstoffe ab, die den Boden „ansäuern". Daher sollte dieses Mateial Pflanzen wie Rhododendron oder Heide vorbehalten bleiben, die pH-Werte unter 7 bevorzugen. Kies, Splitt, Blähton oder Lavagrus sind dagegen neutral und können für alle gängigen Topfpflanzen eingesetzt werden. Als Mulch bewirken sie außerdem, dass die Stängelansätze trocken bleiben, und beugen damit Stängelfäulnis und einem Umknicken der Stiele vor.

Blütenfülle zu jeder Jahreszeit

1 Zinnie
(Zinnia elegans)

Pflanze: Wenn im Juli diese Einjährigen mit der Blüte beginnen, weiß man, dass der Sommer begonnen hat. Beliebt sind großblütige Serien wie 'Benarys Riesen' (über 10 cm Blütendurchmesser, 1 m hoch), aber ebenso kleinblütige (5 cm) wie die 'Oklahoma'- oder 'Zinnita'-Serie, letzere mit 20 cm Wuchshöhe .
Standort: Sonnig und windgeschützt ist ganz im Sinne der Zinnien.
Pflege im Sommer: Halten Sie die Erde konstant leicht feucht und düngen Sie nur alle 14 Tage mit stickstoffarmem Flüssigdünger (z.B. für Obstgehölze).
Pflege im Winter: Die Aussaat erfolgt zwischen Februar und April bei 15 bis 20 °C. Ab Mitte Mai dürfen sie hinaus ins Freie.
Gesundheit: Wurzelprobleme bei falschem Gieß- und Düngeverhalten.

2 Stockrose
(Alcea rosea)

Pflanze: Auf gut einem Meter hohen Stielen läuten diese klassischen Bauerngartenblumen den Spätsommer ein. Gefüllte Blüten wie die 'Charters'-Serie sind noch imposanter als einfache Sorten wie 'Maroon' (rot).
Standort: Damit die Stiele nicht knicken, sollte es nicht allzu windig und eine Wand oder ein Geländer zum Anlehnen in der Nähe sein. Vermeiden Sie extreme Plätze in feuchtschattigen oder vollsonnig-heißen Lagen, da hier die Gefahr von Pilzerkrankungen wie Mehltau steigt.
Pflege im Sommer: Die Zweijährigen brauchen viel Wasser und jede Woche Dünger. Mulchen Sie die Erde.
Pflege im Winter: Die Zweijährigen werden im Juli gesät und im September in ihre endgültigen Töpfe gesetzt. Sie überwintern im Freien und säen sich sehr gerne selber aus.

3 Sommeraster
(Callistephus chinensis)

Pflanze: Wer bis zum ersten Frost Blüten bewundern und für die Vase ernten will, ist mit diesen einjährigen Korbblütlern gut beraten. Sie können wählen zwischen Zwergformen wie der 'Milady'- oder 'Starlight'-Serie (30 cm Höhe) und Schnittsorten mit bis zu 80 cm Höhe wie beispielsweise der dicht gefüllten 'Matador'- oder 'Gala'-Serie, der einfachen 'Stella'-Serie oder den feinstrahligen 'Riesen Strahlen'.
Standort: Sonne ist für eine lang anhaltende Blüte wichtig.
Pflege im Sommer: Der Wasser- und Düngebedarf ist durchschnittlich. Schneiden Sie Welkes ab, um die Bildung neuer Knospen zu fördern. Ausgesät wird zwischen Februar und April, ab Mai auch direkt ins Freie.
Pflege im Winter: Entfällt.
Gesundheit: Robuste Sorten wählen.

Mit viel Liebe zum Detail

Neben aller Blütenpracht sollten Sie stimmige Accessoires zusammentragen. Statten Sie ihren Stadtbalkon mit Keramikfiguren verschiedenster Größe und Couleur aus. Sind sie mit einer Lasur versehen, sollten Sie vor dem Kauf erfragen, ob das Material frostfest ist. Sonst ist es besser, die Kleinode während des Winters im Haus unterzubringen. Vor allem Tonwaren speichern in ihren Poren kleinste Wassermengen, die sich bei Frost ausdehnen. Dadurch entsteht trotz der mikroskopisch kleinen Dimensionen ein hoher Druck, der die Farbe abplatzen lassen oder Risse in den Figuren verursachen kann. Bei Rosenkugeln und anderen Elementen aus Glas sind es nicht die frostigen Temperaturen, sondern starke Temperaturschwankungen, die zu Schäden führen können. Trifft nach extrem kalten Nächten am Morgen die Sonne direkt auf das Glas, entstehen durch den Wärmeunterschied Spannungen, die Kugeln und andere Glasdekorationen zum Bersten bringen können. Je dickwandiger die Modelle, umso geringer ist die Gefahr, da sie sich nur langsam erwärmen. Dünnwandige – und damit meist gerade die wertvollen und hochpreisigen – Glasaccessoires holt man im Herbst besser ins Haus.

Der richtige Topf zur Pflanze

Bei der Wahl der Pflanzgefäße sollten Sie bevorzugt zu traditionell anmutenden Varianten greifen. Moderne Metallgefäße oder Plastikvasen in Neonfarben würden einem ländlichen Balkongarten weniger gut anstehen. Stattdessen unterstreicht Holz den rustikalen Charakter; beispielsweise Holzübertöpfe aus dem Gartenhandel. Große Eichenfässer (Barrique-Fässer), die man zum Bepflanzen in zwei Teile

4 Atlasblume
(Clarkia amoena)

Pflanze: Ob Sie diese Pflanzen noch unter ihrem früheren Namen Godetia *(Godetia whitneyi/grandiflora)* kennen oder unter ihrem neuen: Ihre weißen, rosafarbenen oder roten Blütenschalen mit 5 cm Durchmesser sind im Hochsommer immer wieder imposant. Schnittsorten wie 'Grace' werden rund 50 cm, Topfserien wie 'Satin' kompakte 20 cm hoch.
Standort: Sonnige Lagen und durchlässige, mit Kies oder Blähton angereicherte Erde sind gewünscht.
Pflege im Sommer: Gießen und düngen Sie eher sparsam.
Pflege im Winter: Wer sie schon im September sät und frostfrei überwintert, hat schon ab Mai Blüten. Klassischerweise sät man sie in Sätzen zwischen März und Juni aus.
Gesundheit: Bei zu nasser Erde können Wurzelprobleme auftreten.

Stellen Sie ein buntes Topf-Potpourri zusammen: je vielfältiger die Formen und Farben, umso schöner!

zersägt oder den Deckel abtrennt, stammen aus der Winzerei. Wenn Sie Kontakte zu einer Winzergenossenschaft haben, ist es nach einer Wartezeit häufig möglich, ein ausgedientes Weinfass abzulösen. Ansonsten hält man auf Flohmärkten Ausschau. Damit die Dauben unter dem Einfluss ständig feuchter Erde länger halten, lässt man sie mit Holzschutzmitteln ein. Diese dürfen jedoch keine pflanzenschädigenden Substanzen enthalten, da sie in die Erde übergehen und die Wurzeln schädigen können. Alternativ legt man die Bottiche mit Teichfolie aus und sorgt für einen zentralen Wasserabfluss in der Mitte. Um Nässe und Fäulnis von unten zu vermeiden, sollten Sie die Bottiche auf Füße stellen. So können sie nach Regenfällen rascher abtrocknen.

Doch nicht nur alte Fässer lassen sich in Pflangefäße umwandeln. Viele andere Haushaltsgegenstände aus Holz – vom Bollerwagen bis zur ausgedienten Schrankschublade – sind zu schade zum Wegwerfen. Gleiches gilt für Emailletöpfe und anderes Kochgeschirr, das nicht mehr zum Kochen taugt, bepflanzt aber individuelle, stimmungsvolle Pflanzgefäße abgibt. Im Kleinen sind selbst Kaffee-Tassen, die wegen eines abgebrochenen Henkels oder eines Risses für den Gebrauch nicht mehr gut genug sind, eine schöne Ergänzung. In ihnen finden kleine Pflanzen wie Duft-Veilchen (z.B. *Viola odorata*) oder Duftsteinrich (*Lobularia*, Seite 97) eine stilvolle Bleibe. Wenn Sie Weidenkörbe als Pflanzgefäße nutzen, dürfen diese nicht feucht stehen, sonst verrotten sie zu schnell. Kleiden Sie die Innenfläche mit Folie aus und legen Sie Füße unter die Körbe, damit sie von allen Seiten belüftet sind. Wer die Zeit hat, fertigt für Kletterpflanzen selbstgebaute Rankgerüste aus geflochtenen Weidenruten. Wein- oder Efeuranken können dabei als Halteseile dienen.

Üppige Blüten von klassisch bis modern

1 Leberbalsam
(Ageratum houstonianum)

Pflanze: Die blauvioletten (z.B. 'Leilani Blue', 'Blue Horizon'), rosaroten (z.B. 'Red Sea') oder weißen (z.B. 'White Hawaii') Einzelblüten dieser einjährigen Sommerblumen fügen sich zu dichten Dolden zusammen, die wie bei 'Neptune Blue' mit Hortensienblüten konkurrieren könnten.
Standort: Halbschatten ist ebenso möglich wie Sonne.
Pflege im Sommer: Die Erde sollte nicht austrocknen, sonst treten braune Blattränder auf und die Neubildung von Knospen unterbleibt.
Pflege im Winter: Holt man einzelne Pflanzen vor dem Frost ins Haus und überwintert sie hell, kann man von ihnen im März Stecklinge schneiden und bewurzeln. Die Aussaat erfolgt zwischen Januar und März.
Gesundheit: Bei Stress treten Weiße Fliegen und Spinnmilben auf.

2 Pantoffelblümchen
(Calceolaria integrifolia)

Pflanze: Obwohl von Natur aus mehrjährig, kultiviert man diese Klassiker mit den schuhförmigen Blüten und feinen Tupfenmustern einjährig. Kompakt wachsen Sorten der 'Sunset'- oder 'Cinderella'-Serie.
Standort: Hinsichtlich der Platzwahl sind Pantoffelblumen wahre „Pantoffelhelden": Es darf weder kalt noch zugig sein. Sonne ist nicht zwingend, Halbschatten tut es auch.
Pflege im Sommer: Halten Sie die Erde stets leicht feucht, aber nicht nass. Gedüngt wird nur alle 14 bis 21 Tage in niedriger Dosierung.
Pflege im Winter: Um ab Mai blühende Pflanzen zu haben, muss die Aussaat bereits im Dezember oder Januar erfolgen. Deshalb überlässt man sie meist den Gärtnern und kauft im Frühjahr Jungpflanzen.
Gesundheit: Häufig Blattläuse.

Ringelblumen: die Sonne geht auf!

Wer Ringelblumen bislang nur aus der Kosmetik kennt, sollte sie dringend als Pflanzen erleben. Denn blühend sind sie – statt für die Haut – Balsam für die Seele. Die Kultur ist denkbar einfach und gelingt auch Einsteigern mühelos, denn Ringelblumen (*Calendula officinalis*) stellen keine Ansprüche. Ein (teil)sonniger Platz in normaler Blumenerde genügt, wenn die Erde leicht feucht gehalten und alle 14 Tage gedüngt wird. Bei zu vielen Düngesalzen im Boden werden die Wurzeln angegriffen und die Blätter verbraunen von den Rändern her. Ins Freie dürfen Ringelblumen ab Mitte Mai. Wer die Aussaat zeitversetzt in mehereren Schüben von März bis Juni vornimmt, kann sich bis Oktober an ihren Körbchenblüten erfreuen. Ab April können Sie die Samen direkt in Freiland-Töpfe streuen.

Für Töpfe und Schalen bestens geeignet sind kompakt wachsende, 20 bis 30 cm hohe Sorten wie die der 'Gitana'- oder 'Little Ball'-Serie. Letztere ist mit den Sorten 'Little Ball Apricot', 'Little Ball Orange' und 'Little Ball Yellow' als aprikot-, orangefarbene und gelbe Variation erhältlich. Wer beabsichtigt, möglichst langstielige Blüten für Blumensträuße zu ernten, sollte auf Schnittsorten wie die 'Prinzess'- oder 'Midas'-Serie setzen. Erste bietet Variationen in intensivem Orange ('Prinzess Orange'), goldgelb mit schwarzer Mitte ('Prinzess Goldschwarze') oder orange mit schwarzer Mitte ('Prinzess Schwarz-Orange'). Die Sorte 'Corniche d'Or' zeigt tieforange Blüten mit dunklem Zentrum auf 40 cm langen Stielen.

Ein noch sehr junge Sorte der Art *Calendula maritima* mit ungewöhnlichem Wuchs ist 'Skyfire': Mit ihrem ausladenden und hängenden Wuchs eignet sie sich bestens als Ampelpflanze. Die Blüten leuchten in kräftigem Gelb.

Da die Pflanzen nach dem Blühspektakel nicht mehr lange attraktiv aussehen, sollte man sie nicht in gemischt bepflanzte Töpfe, sondern in Einzelgefäße setzen. Sind Ringelblumen verblüht, kann man sie auf diese Weise an einer weniger einsehbaren Stelle auf der Terrasse platzieren und in Ruhe die Samenreife abwarten. Nach dem ersten Blütenschub empfiehlt es sich, alle welken Stiele abzuschneiden. Das fördert die Neubildung von Knospen.

Ringelblumen sind wie kleine Schwestern der Sonnenblumen.

3 Wandelröschen
(Lantana camara)

Pflanze: Werfen Sie diese dankbaren Dauerblüher im Herbst nicht weg: Sie sind mehrjährig und werden von Jahr zu Jahr schöner. Alte Büsche oder Stämmchen erreichen über 2 m Höhe. Neben einfarbigen Sorten wechseln viele im Aufblühen die Farbe ihrer halbkugeligen Blütenstände, z.B. von Rosa zu Gelb oder Gelb zu Rot.
Standort: Sonne sollte sein, im Frühling müssen sich die rauen, streng riechenden Blätter jedoch zunächst daran gewöhnen. Später ist dann auch Hitze kein Thema.
Pflege im Sommer: Der Durst ist beträchtlich. Gedüngt wird jede Woche von Mai bis Ende August.
Pflege im Winter: Kühle, halbhelle Plätze, an denen die Kronen ihr Laub verlieren, sind zu empfehlen.
Gesundheit: Unvermeidlich: Weiße Fliege, bei Wärme auch im Winter.

4 Blauer Hibiskus
(Alyogyne huegelii)

Pflanze: Unsere Großeltern kultivierten diese Staude noch weit häufiger als die Gärtner heutzutage. Dabei sind es die über 10 cm großen, violettblauen, je nach Lichteinfall pink oder rosa wirkenden Blüten wert, wiederentdeckt zu werden.
Standort: Halbschatten ist gut, Sonne besser. Wind und Hitze werden toleriert.
Pflege im Sommer: Trotz der rauen, behaarten, ahornartigen Blätter benötigen die australischen Malvengewächse reichlich Wasser. Mit dem Düngen brauchen Sie es dagegen nicht so genau zu nehmen: alle 14 Tage genügt.
Pflege im Winter: Bei 5 bis 15 °C überwintern die Ballen problemlos. Die oberirdischen Trieben sterben ab und werden ab April durch die frischen Sprosse ersetzt.
Gesundheit: Selten Weiße Fliege.

Der Herbst ist für die **Dahlien** da

Ein Bauerngarten ohne Dahlien? Unmöglich! Verzichten Sie auch auf dem Balkon nicht auf die stattlichen Herbstblüher, wenn Sie üppige Blüten lieben.

Blüten in jeder Form

Die Auswahl an Dahliensorten ist groß und so teilt man sie zunächst entsprechend ihrer Blütenform in verschiedene Gruppen auf. Mignon-Dahlien sind Sorten mit einfachen Blüten, Zwerg-Minion-Dahlien diejenigen darunter mit kaum 30 cm Höhe. Päonien- und Anemonenblütige Dahlien zählen zu den halbgefüllten Dahlien, ebenso die Halskrausen-Dahlien. Bei ihnen umgibt ein Kranz andersfarbiger Blütenblätter die gelb-gefüllte Mitte. Gefüllte Dahlien haben keine Blütenmitte mehr, sondern bestehen nur noch aus Zungenblüten. Bei den Kaktus-Dahlien sind diese Zungenblüten lang und zugespitzt. Ball-, Pompon- und Seerosenblütige Dahlien haben löffelartig gefaltete Zungenblüten, die sich zu akkuraten Blütenkugeln formieren.

Kaktus-Dahlie

Frühjahrspflanzung für den Herbst

Die handförmig geteilten Dahlienknollen lagern während des Winters in kühlen, dunklen Kellerräumen. Im März setzt man sie in Töpfe mit frischer Erde und stellt sie zum Antreiben hell bei 15 bis 18 °C auf. Ab Mitte Mai kommen sie hinaus an sonnige, windgeschützte Plätze. Stäben Sie langstielige Sorten. Im Oktober topft man sie aus, reinigt die Knollen von anhaftender Erde und lagert sie erneut ein.

Dahlien-Sorten für ein furioses Saison-Finale

Sorte	Blüte	Höhe
'Aloha'	Kaktus-D., rot m. gelber Spitze	100 cm
'Arizona'	Mignon-D., orange	30 cm
'Bishop of Llandaff'	Päonienblütige D., rot	90 cm
'Black Diamond'	Ball-D., schwarzrot	90 cm
'Deepest Yellow'	Pompon-D., gelb	80 cm
'Dr. P. H. Riedel'	Seerosenblütige D., orange	100 cm
'Hindustar'	Ball-D., gelb-orange	90 cm
'Ludwig Helfert'	Kaktus-D., orange	80 cm
'Mick's Peppermint'	Kaktus-D., rosa-rot gesprenkelt	100 cm
'Natal'	Pompon-D., dunkelrot	90 cm
'Ohio'	Mignon-D, leuchtend rot	30 cm
'Paso Doble'	Anemonenbl. D., weiß-gelb	80 cm
'Rock & Roll'	Anemonenblütige D., rot-gelb	100 cm
'Salsa'	Pompon-D., leuchtend rot	100 cm
'Sunny Boy'	Ball-D., orange mit roter Mitte	100 cm
'Virginia'	Mignon-D., gelb	30 cm

Fleißige Lieschen *für fleißige Gärtner*

Der Name ist für diese einjährigen Klassiker Programm: Fleißige Lieschen (*Impatiens walleriana*) blühen unermüdlich von Mai bis Oktober.

Tausche Blütenfülle gegen Wasserkanne

Für ihre Blühdienste möchten die Impatiens eine tägliche Portion Wasser, an heißen Tagen auch mal zwei, damit die Erde nicht austrocknet. Denn das würde die Blüte stoppen. Die weichen Blätter verdunsten viel Wasser und sind deshalb an halbschattigen Plätzen besser aufgehoben als an vollsonnigen. Die Blüte lässt auch ohne Sonne den ganzen Tag nicht nach. Gedüngt wird 14-tägig. Mehr könnte den salzempfindlichen Wurzeln schaden. Säen Sie die verschiedenen Sorten Anfang März aus. Bei rund 20 °C keimen sie rasch und können nach zwei Monaten in eigene Töpfe umgesetzt (pikiert) werden. Alternativ schneidet man im Herbst gesunde Triebspitzen ab, bewurzelt sie in Wassergläsern oder Erde und überwintert sie als Jungpflanzen hell bei 12 bis 15 °C. Auf diese Weise lassen sich auch gefüllte Sorten, die keine Samen ansetzen, vermehren. Da Fleißige Lieschen keine Kälte ertragen, dürfen sie in rauen Lagen erst Ende Mai ins Freie.

Mit Lieschen immer im Trend

Obwohl sie seit Generationen die Balkone schmücken, sind Fleißige Lieschen jung geblieben und bezaubern seit der Jahrtausendwende vor allem mit gefüllten Sorten, die schön wie Rosen sind – aber im Halbschatten blühen, wo Rosen versagen.

Fleißige Lieschen mit Blühgarantie

Sorte	Blütenfarbe	Blütenform
'Accent Red Star'	rot-weiß gestreift	einfach
'Blackberry Ice'	kirschrot, halbgefüllt	Laub weiß gerandet
'Cameo Pink Surprise'	lachsfarben	dicht gefüllt
'Candy Orange'	orange	einfach, großblumig
'Cheeky Salmon'	lachsfarben	einfach, flachkugelig
'Fanciful F1 Pink'	pink	einfach, für Ampeln
'Fiesta Appleblossom'	zartrosa	hoch gefüllt
'Fiesta Deep Orange'	tieforange	hoch gefüllt
'Fiesta Sparkler Cherry'	kirschrot-weiß	hoch gefüllt (Abb. unten)
'Firefly Burgundy'	rot	kleinblütig
'Imtralave'	fliederfarben	einfach, für Ampeln
'Lilo'	purpur	gefüllt
'Silhouette Cherry Red'	kirschrot	gefüllt
'Tioga Purple Star'	purpur-weiß	gefüllt

Eine Fülle, die nicht überladen wirkt: Leben Sie mit dezenten Blütenpflanzen die Liebe zum Detail aus.

Verspielte Blüten für **Romantiker**

Ihnen ist die bunte Üppigkeit der Bauerngärten zu viel des Guten? Dann kommt jetzt das Richtige für Sie: Auf dem „Balkon für Romantiker" geht es ebenso bunt, aber sehr viel dezenter zu. Nicht große Blüten mit auffälligen Farben sind hier die Stars, sondern kleinere Blüten, die sich durch eine besondere Note auszeichnen, etwa weil sie gefüllt, gerüscht oder mit feinen Mustern verziert sind. In ihrer Mitte nimmt man in freien Stunden gerne Platz, um die kleinen „Meisterwerke der Natur" in Ruhe aus der Nähe zu betrachten. Und wenn Ihnen dabei ein lieber Mensch zur Seite steht und die Schönheit mit genießt, dürfte romantischen Stunden nichts im Wege stehen.

Gefüllt, gerüscht oder getupft

In der Natur dominieren einfache Blüten. Schließlich gilt es hier, mit einem Minimum an Aufwand ein Maximum an Insekten für die Blütenbestäubung anzulocken. Kultursorten, die einen langen Weg der Züchtung hinter sich haben, sind „menschgemacht" weitaus aufwändiger und verschwenderischer in ihrer Blütengestaltung. Bei **gefüllten Blüten** sind vielfach die Staubblätter, die eigentlich den Pollen für die Bestäubung tragen sollten, zu zusätzlichen Blütenblättern umgewandelt. Bei anderen gefüllten Blütenformen wurde der Kelch zu Kronblättern umgewandelt.

Bei den Asterngewächsen (Asteraceae) ist die Blüte ausschließlich auf die auffälligen Zungenblüten zu Lasten der ursprünglich ebenfalls vorhandenen Röhrenblüten reduziert. Der Nachteil: Diese Züchtungen bilden oft keine oder nicht keimfähige Samen aus. Neue Pflanzen lassen sich durch die vegetative Vermehrung über Stecklinge oder immer wieder neue Kreuzung der Elternteile (F1-Hybriden) erzielen. Die Ernte eigener Samen scheidet damit aus.

Gerüschte Formen kommen zuweilen durch eine Deformation der Blütenblätter zustande. Diese kann genetisch bedingt, aber ebenso auf eine Infektion (z.B. mit Viren oder Bakterien) zurückzuführen sein. Solche Infektionen sind für den Menschen völlig ungefährlich, für die Pflanzen können sie aber eine Schwächung bedeuten. Deshalb brauchen gerüschte Formen etwas mehr Aufmerksamkeit als die robusten Wildarten. Achten Sie hier besonders darauf, dass die Erde nicht vernässt und die Wurzeln unter Fäulnis leiden. Denn Schadstellen an den Wurzeln sind bevorzugte Eintrittspforten für im Boden vorhandene Krankheiterreger. Diese Extra-Portion an liebevoller Pflege danken Ihnen die Pflanzen dafür mit ihrem märchenhaft geformten Blütenflor.

Getupfte Blüten sind ebenfalls häufig die Folge einer Störung – mit wunderbarer Auswirkung. Fehlen der Pflanze bestimmte Farbpigmente oder werden sie nur in bestimmten Zellen eingelagert, ergeben sich virtuose Muster. Die Gärtner achten auf solche „Fehler" der Natur, selektieren sie und vermehren die Pflanzen. So entsteht alljährlich eine Fülle neuer Sorten mit außer- und ungewöhnlichen Blütenzeichnungen. Fleckungen im Laub bedeuten für die Pflanzen, dass sie weniger Energie durch Photosynthese aufbauen können, weil ihnen ein Teil des dafür not-

Süße Blütendüfte zum Träumen

1 Wunderblume
(Mirabilis jalapa)

Pflanze: Dieses ursprünglich aus Peru stammenden, am Abend zart duftenden Schönheiten belassen es nicht mit einer Blütenfarbe pro Pflanze. Sie variieren zwischen Rot, Rosa, Pink und Gelb in klaren Flächen oder feinen Strichzeichnungen.
Standort: Viel Sonne und durchlässige, nicht vernässende Pflanzerde sind Voraussetzung für Blüten von Juni bis Oktober.
Pflege im Sommer: Die Erde sollte nicht austrocknen. Düngen Sie wöchentlich. Schneiden Sie welkende Blüten regelmäßig ab, um den Weg für neue Knospen frei zu machen.
Pflege im Winter: Da die Pflanzen von Natur aus mehrjährig sind, ist eine Überwinterung möglich, aber nicht einfach. Die Aussaat ab März ist die sicherere Methode.
Gesundheit: Blattläuse an den Spitzen.

2 Levkoje
(Matthiola incana)

Pflanze: Die locker gefüllten oder einfachen Blüten von Juni bis September sehen von Nahem wie kleine Rosen aus. Um den intensiven Duft wahrzunehmen, müssen Sie jedoch gar nicht so dicht herangehen: er lockt Schmetterlinge von weither an. Bestens geeignet sind niedrige, kompakte Serien wie 'Cinderella' (20 bis 30 cm). Schnittsorten wie 'Treibwunder', 'Schnittgold' oder 'Miracle' erreichen 50 bis 70 cm Höhe.
Standort: Sonne sollte nicht mit Hitze einhergehen, sonst sind halbschattige Lagen besser.
Pflege im Sommer: Der Wasserbedarf ist nicht zu unterschätzen. Die Blätter beim Gießen nicht benetzen. Gedüngt wird wöchentlich.
Pflege im Winter: Aussaat ab Februar bei 18 bis 20 °C. Ab Mai ins Freie.
Gesundheit: Bei Nässe Pilzgefahr.

Zu einem romantischen Balkon gehören nicht nur schöne Blüten, sondern auch (Duft-)Kerzen und Lichter, um die Abende zu Zweit möglichst lange genießen zu können.

wendigen grünen Blattfarbstoffs Chlorophyll fehlt. Sie brauchen deshalb sehr helle, aber nicht unbedingt sonnige Plätze, um diesen Mangel auszugleichen. Reicht die Lichtmenge nicht aus, geht bei bei manchen Spielarten die Fleckung, die der Gärtner „Panaschierung" nennt, zurück und die Blätter vergrünen.

Von Angesicht zu Angesicht

Damit Sie Ihre Kleinode mit wenig Fernwirkung aus der Nähe betrachten können, empfiehlt es sich, viele von ihnen in Ampeln zu ziehen oder

In Topf und Vase: Ranunkeln sind im Frühling die Ball-Königinnen.

in Kästen, die am Balkongeländer hängen. Auch Etagèren helfen, sie ins rechte Licht zu rücken. Genießen Sie hier die gescheckten Blüten der blau-weißen Veilchen-Sorte 'Freckles' (*Viola soraria*) oder des Storchschnabels 'Splish Splash' (*Geranium*-Hybride), aber auch die dicht gefüllten Sorten des Klatsch-Mohns (z.B. *Papaver rhoeas* 'Angels Choir', 'Picotée Mixed') in Rosa-Rot-Weiß oder die zinnoberroten, dicht gefüllten Blüten der Nelkwurz 'Blazing Sunset' (*Geum coccineum*). Und im Frühling dürfen auf dem Balkon für Romantiker zwei Pflanzen nicht fehlen: robuste Stiefmütterchen (*Viola × wittrockiana*) und anmutige Akeleien (*Aquilegia*).

Zierliche Blüten, die das Herz erfreuen

1 Löwenmäulchen
(Antirrhinum majus)

Pflanze: Nicht nur im Garten, sondern auch im Topfgarten hat schon so manche(r) sein Herz den zarten Lippenblüten geschenkt. Sie können wählen zwischen 70 bis 100 cm hohen Schnittsorten (z.B. Serien 'Riesen Vorbote', 'Rocket') oder kleinen Mischungen wie 'Floral Carpet Mix', 'Chimes' oder 'Jamaican Mist' (15 bis 20 cm). Mit 40 bis 50 cm mittelhoch sind Serien wie 'Ribbon', 'La Bella' oder 'Frosted Flames'.
Standort: Löwenmäulchen sind anspruchslos und gedeihen in der Sonne wie im Halbschatten.
Pflege im Sommer: Halten Sie die Erde stets leicht feucht. Welkes unbedingt ausschneiden, damit sich neue Knospen bilden können.
Pflege im Winter: Die Aussaat sollte bereits sehr früh ab Januar erfolgen.
Gesundheit: Anfällig für Pilzinfekte.

1	2
3	4

Schönmalven für Freunde des Schönen

Wenn man von kunstvoll gezeichneten Blüten spricht, kommt man unweigerlich zu den Schönmalven (*Abutilon*). Neben den einfarbigen Sorten gibt es zahlreiche Varianten, die sich durch feine Strichzeichnungen hervorheben. Die Größe der Blütenkelche variiert von auffälligen 4 bis 5 cm Durchmesser (z.B. 'Benarys Riesen') bis hin zu den sehr schlanken Formen der nahe verwandten Art *Malvaviscus*.

Die Pflege der unermüdlichen Dauerblüher ist jedoch nicht ganz einfach. Ihr verleichsweise zartes Laub verdunstet an heißen Tagen reichlich Wasser. Deshalb ist es gut, die Erde bei jedem Gießdurchgang nicht nur kräftig zu tränken, sondern auch einen Vorrat im Untersetzer oder Übertopf bereitzustellen, der in den Folgestunden aufgenommen wird. Von Vorteil sind aus dem gleichen Grund möglichst große Pflanzgefäße. Je mehr Erde sie fassen, umso höher ist das Volumen, Wasser zu speichern. Nachteil: Große Töpfe regen das Wachstum an und nicht unbedingt die Blüte. Von Natur aus sind Schönmalven starkwüchsige Büsche oder kleine Bäume mit mehreren

Metern Höhe. Wenn man sie als Kübelpflanzen nicht laufend zurückschneidet, werden sie rasch zu groß. Regt man aber das Wachstum durch reichlich Wurzelraum zusätzlich an, strecken sich die Zweige umso mehr in die Länge – und Sie müssen noch häufiger schneiden! Gärtner umgehen diese Pflegearbeit, indem sie die Pflanzen mit Wuchshemmstoffen (z.B. Hormonen) behandeln. Dadurch bleiben die Triebe kurz und setzen überreich Blüten an. Für den Privatmann sind diese Mittel nicht erhältlich, da ihr Einsatz außerhalb des professionellen Gartenbaus verboten ist. Ihnen daheim bleibt deshalb nur ein laufender Rückschnitt, eine ausreichende Wasserversorgung und von April bis August eine Düngegabe pro Woche.

Lästig können bei Schönmalven Weiße Fliegen werden, die von überall her zufliegen, z.B. aus den Gemüsegärten. Abhilfe schaffen Gelbtafeln, die man vorbeugend schon ab dem Frühjahr zwischen den Zweigen aufhängt. Sie locken die fliegenden Mottenverwandten mit ihrer Farbe an, diese bleiben an der Leimbeschichtung kleben und verenden.

Schönmalven öffnen den ganzen Sommer ihre Blütenkelche.

---

2 Gauklerblume
(*Mimulus × hybridus*)

Pflanze: Vielleicht kennen Sie diese ausdauernden, aber kälteempfindlichen Stauden auch unter dem Namen „Affenblume". Dieser Titel wird der kunstvollen Zeichnung von Blüten wie 'Viva F1', (gelb-rot), 'Andean Nymph' (weiß-gelb-rosa) jedoch keineswegs gerecht. Die Sorten der 'Magic'-Serie sind einfarbig.

Standort: In luftfeuchten, kühlen Lagen blühen die meist nur einjährig gezogenen, 30 cm hohen Pflanzen besonders gut von Juni bis Oktober.

Pflege im Sommer: Stets leicht feuchte Erde und jede Woche eine Gabe Flüssigdünger sind das A & O.

Pflege im Winter: Eine Überwinterung ist möglich, ebenso die Gewinnung von Stecklingen im Herbst, die ebenfalls hell bei 5 bis 15 °C stehen. Ausgesät wird ab März bei 20 °C.

Gesundheit: Keine Anfälligkeiten.

3 Elfensporn
(*Diascia*)

Pflanze: „Heißsporne" sind diese lieblichen, südafrikanischen Pflanzen nicht gerade. Aber dafür überzeugen sie mit zierlich-eleganten Blüten in vorwiegend roten und rosafarbenen Spielarten, z.B. 'Genta'-Serie (pink, lachs), 'Flying Colors'-Serie (apricot, rot, orange, rosa), 'Rose Sorbet' (dunkelrosa), 'Deep Salmon' (lachsorange).

Pflege im Sommer: Wichtig ist eine konstante Bodenfeuchte auf niedrigem Niveau. Gedüngt wird 14-tägig in halber Konzentration.

Pflege im Winter: Eine helle Überwinterung ist bei Abkömmlingen von *Diascia vigilis* bei 5 bis 15 °C problemlos, Kulturformen von *Diascia barberae* sind einjährig. Sie sät man ab Anfang März bei 20 °C aus und übersiedelt sie ab Mitte Mai ins Freie.

Gesundheit: Bei Nässe Wurzelfäulnis möglich.

4 Elfenspiegel
(*Nemesia*-Hybriden)

Pflanze: Die kleinen, zierlichen Blüten dieser einjährigen Südafrikanerinnen sind leicht eingebuchtet. Die Farben leuchten kräftig: Es dominieren rote und gelbe Töne, aber auch blaue (z.B. 'Blue Lagoon'), rosafarbene (z.B. 'Honey Girl'), weiße (z.B. 'Elph White') und zweifarbige Sorten (z.B. 'Sunsatia Coconut', weiß-gelb) sind vertreten, einige davon duftend (z.B. 'Girl Sragant Gem', 'Sunsatia Lemon').

Standort: Sonne und lockere, durchlässige Pflanzerde sind wichtig.

Pflege im Sommer: Düngen Sie nur alle 14 Tage. Die Erde sollte stets feucht bleiben. Verblühtes laufend entfernen für die Nachblüte nach dem Rückschnitt.

Pflege im Winter: Entfällt. Aussaat ab März bei 15 °C.

Gesundheit: Grundsätzlich robust.

Ein Faible für **Fuchsien**

Damit Fuchsien-Stämmchen bei Wind nicht umfallen, sind schwere Töpfe mit breiter Basis empfehlenswert.

Wer einmal eine Fuchsie gekauft hat, wird es nicht bei einer dieser Pflanzen mit den faszinierenden Blütenformen belassen. Die Sammelleidenschaft packt den Pflanzenfreund schneller, als man glauben möchte. Und am Ende beginnen viele mit dem Züchten, denn Fuchsien präsentieren sehr bereitwillig neue Blütenformen und Spielarten in den Farben. Neben Sorten mit röhrenförmig-schlanken Blüten sind es vor allem die zwei- oder mehrfarbigen Sorten, die sich ungeheurer Beliebtheit erfreuen. Bei ihnen sind Kelch und Krone verschieden gefärbt. Die Kronen können überdies halbgefüllt oder gefüllt sein. Diese Blüten wirken besonders dicht und werden gerne mit „Ballerinas im Rüschenrock" verglichen.

Wie viel Schatten ist möglich, wie viel Sonne erträglich?

Fuchsien gelten allgemein als Schattenkinder. Übertreibt man es aber mit der Dunkelheit, fühlen sich die ursprünglich vorwiegend südamerikanischen Halbsträucher nicht wohl genug, um üppig zu blühen. Dafür brauchen auch sie wie alle Pflanzen eine Portion Sonnenlicht. Nur volle Besonnung den ganzen Tag vertragen Fuchsien nicht, denn ihre zumeist dunkelgrünen Blätter sind recht zart und verdunsten rasch große Mengen Wasser. Folgt auf die intensive Sonneneinstrahlung obendrein Trockenheit, lassen braune Blätter und eingetrocknete Blütenknospen nicht lange auf sich waren. Ist der Standort jedoch sehr hell und gleichzeitig luftfeucht, etwa weil er von einem benachbarten Laubbaum licht beschattet wird, sind Fuchsien die Stars in jedem Balkongarten. Gerne stehen sie in unmittelbarer Nähe

Moderne Fuchsien-Sorten

Name	Blütenform und -farbe	Wuchs
'Barbara Evans'	klein, einfach, pink-violett	überhängend
'Bella Rozella'	einfach, rot-blau,	überhängend
'Calverley'	einfach, weiß-hellviolett	aufrecht
'Celina'	einfach, reinweiß	aufrecht, kompakt
'Cherry'	einfach, rosa-pink	kompakt
'Danina'	halbgefüllt, rot-mauve	aufrecht
'Dark Eyes'	gefüllt, dunkelrot-violett	aufrecht
'Dark Lady'	einfach, kirschrot-violett	aufrecht
'Deep Purple'	einfach, weiß-violett	stark, überhängend
'Denise'	rosa-lavendel, einfach	aufrecht
'Ellebel'	einfach, zartrosa-lavendel	aufrecht
'Hawaiian Sunset'	gefüllt, zartrosa-pinkviolett	aufrecht
'J.C. Hendriks'	einfach, rosarot	kompakt
'Koralle'	einfach, rot, schmal	kräftig
'Lambada'	einfach, rosa-violett	halbhängend
'Leverkusen'	einfach, pink	stark, überhängend

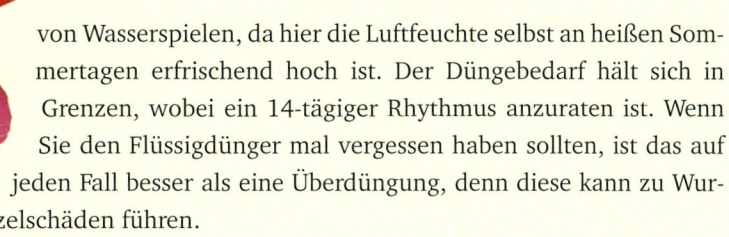

von Wasserspielen, da hier die Luftfeuchte selbst an heißen Sommertagen erfrischend hoch ist. Der Düngebedarf hält sich in Grenzen, wobei ein 14-tägiger Rhythmus anzuraten ist. Wenn Sie den Flüssigdünger mal vergessen haben sollten, ist das auf jeden Fall besser als eine Überdüngung, denn diese kann zu Wurzelschäden führen.

Die schönsten Sorten selbst vermehren und pflegen

Wer sich in eine der vielen Sorten verguckt hat, kann sie recht leicht selbst vermehren. Nicht blühende Triebspitzen bewurzeln in den Sommermonaten in Kürze – sowohl in einem Glas Wasser als auch in erd-gefüllten Töpfen. Durchsichtige Abdeckhauben sorgen für ein konstant luftfeuchtes Klima. Den Winter verbringen Fuchsien in kühlen Räumen bei 0 bis 12°C, zum Beispiel auf Dachböden, in Treppenhäusern, Garagen oder Kleingewächshäusern. Da sie im Verlauf des Herbstes ihr Laub vollständig abwerfen, brauchen sie kaum Licht. Völlig dunkle Standort sind jedoch ungünstig, zumal dann, wenn sie schlecht belüftet sind. In einem solchen Milieu können sich schnell Pilzerkrankungen einstellen.

Der Rückschnitt sollte nicht im Herbst, sondern im Frühjahr erfolgen. Während des Winters besteht die Gefahr, dass einzelne Triebe weiter zurücktrocknen. Sobald im Frühling die Knospen schwellen, sind schadhaftes und gesundes Holz gut auseinanderzuhalten – nun können Sie Pflegeschnitt und Kronenkorrekturen einfach in einem Durchgang vornehmen.

„Ballerinas im Blütenrock"

Name	Blüte	Wuchs
'London 2000'	einfach, rosa-violett,	aufrecht
'Long Island Riverhead'	gefüllt, rosa-violett	überhängend
'New Millenium'	gefüllt, pink-purpurn	überhängend
'Prince of Orange'	einf., lachsrosa-orange	starkwüchsig
'RAF'	gef., rosa-weiß, geadert	überhängend
'Rose Fantasia'	einfach, reinrosa	aufrecht
'Samba'	einfach, rot-lavendel	kompakt
'Santamaria'	einfach, rot-blau	überhängend
'Schloss Anholt'	einfach, rosa-pink	starkwüchsig
'Shadow Dancer Peggy'	einf., weiß-korallenrot	aufrecht, kompakt
'Shadow Dancer Rosella'	einfach, zartrosa-weiß	aufrecht, kompakt
'Sunangels Aloha'	einfach, rot	klein, „Sonnen-Fuchsie"
'Sunangels Cheerio'	rot-weiß, einfach	klein, „Sonnen-Fuchsie"
'Sunfilipe'	einfach, rot-weiß	aufrecht
'University of Liverpool'	einfach, weiß-pink	stark, überhängend
'Wilma Verslot'	einf., kirschrot-lilablau	überhängend

Blumenwiesen auf Balkonien: **natürlich** naturnah

Mit Wildblumen sind Schmetterlinge und andere schöne Insekten Dauergäste auf Ihrem Balkon.

Wer es lieber ursprünglich mag und auf die Errungenschaften der Züchtung mit immer größeren, bunteren und besonderen Blüten wenig Wert legt, gestaltet seine Balkon-Oase möglichst naturnah. Lassen Sie zierliche Blüten in zarten Farben die Hauptrollen spielen. Die Blätter sollten eher filigran und schmal sein, Graulaubige sind herzlich willkommen. Ziel ist es, sie in Schalen, Einzeltöpfen und Kästen zu „Wildwiesen im Miniaturformat" zusammenzufügen.

Wie modern darf's sein?

Die Hinwendung zum Natürlichen bedeutet jedoch nicht, dass alles Neue verbannt wird. Im Gegenteil: auch Neuzüchtungen lassen sich hervorragend in diese „wildromantischen" Gestaltungen integrieren. Wichtig ist nur, dass ihre Blütenformen vorwiegend klein und in den Farben dezent sind. Wie wäre es mit folgenden zarten Erscheinungen:

Die Wachsblume (*Cerinthe major* 'Purpurescens') it bisher noch eine weitgehend „unentdeckte Schönheit". Sie zeigt am Ende ihrer graugrün beblätterten Triebe blauviolette Blütenglöckchen, die von blauen Hochblättern umhüllt werden. Beste Voraussetzungen für eine baldige „steile Karriere" innerhalb des Kübelpflanzen-Sortiments!

In England bereits etabliert, aber hierzulande noch wenig beachtet ist die Laurentia (*Laurentia axillaris*). Ihre sternförmigen Blüten duften am Abend lieblich und gruppieren sich in weißen, rosafarbenen und zartvioletten Spielarten um das schmale, an Löwenzahn erinnernde, graugrüne Laub, das kugelrunde Pflanzen formt.

Kronen-Lichtnelken (*Silene coronaria*) sind wahre Lichtblicke im naturnahen Topfgarten. Wem die pinkfarbene Stammform nicht genügt, dem stehen mit 'Blushing Bride' oder 'Dancing Ladies' zwei dauerblühende Mischungen in Weiß-Rosa-Rot-Pink zur Verfügung, die von Juni bis September blühen. Ihr graues Laub kontrastiert gut mit den kräftigen Farben.

Storchschnabel-Arten (*Geranium*) haben bislang kaum den Weg in den Balkon- und Terrassengarten gefunden, obwohl sie in den Beeten längst zu den dankbarsten Bodendeckern und Begleitern zählen. Mit neueren Züchtungen

Blumenwiese im Topfformat mit kleinen Tagetes.

Schöner Mix aus Schmuckkörbchen (Cosmea), Leinkraut (Linaria) und Efeu (Hedera).

werden aber nun die Blühqualitäten dieser winterfesten Topfgäste gestärkt. 'Orchid Blue' (*Geranium bohemicum*, blauviolett), 'Silver Shadow' (*Geranium*-Hybride, rosa, graulaubig) oder die 'Vision'-Serie (rosa, rot, violett) blühen von Juni bis September und stehen damit der Riege klassischer Sommerblumen kaum nach. Gleiches gilt für das Fingerkraut (*Potentilla*), das bislang im Topfgarten ein Schattendasein führt. Vielleicht können es neue Sorten wie 'Melton Fire' (rosarot), 'White Queen' (weiß) oder 'Monarch's Velvet' (dunkelrot) aus ihrem Dornröschenschlaf befreien: für wildromantische Schalen im dezenten „Naturlook" sind sie in jedem Fall perfekt.

Natürliche Zutaten sind die besten

Ein Muss für jede Naturoase im Topf-Format ist der Goldmohn (*Eschscholzia*), auch „Schlafmützchen" genannt. Seine Blütenschalen sind zwar kräftig gefärbt, aber klein und von einem fröhlichen Glanz. Jede hält nur kurz, aber durch die Fülle nachsprießender Knospen ergibt sich ein wochenlanges Schauspiel. Um die Neuaussaat brauchen Sie sich im Grunde nicht zu kümmern: Lässt man die Samenkapseln ausreifen, fällt die Saat auf die Erde und begründet die Generation fürs Folgejahr. Verwenden Sie für naturnahe Arrangements ungefüllte Sorten. Gefüllte Serien wie 'Thai Silk' könnten zu üppig wirken.

Mit ihren gut einen Meter langen, unbeblätterten Blütenstielen sind die Witwenblumen und Trauben-Skabiosen (*Knautia, Scabiosa*) prädestiniert, im Zentrum gemischter Wildblumengefäße zu stehen. Obwohl ihre Blüten dicht gefüllt sind, wirken sie sehr filigran, da aus jeder der Zungenblüten Staubfäden herausragen und sie wie weiche Pinsel aussehen lassen. Die Neuzüchtung der Witwenblume *Knautia* 'Melton Pastels' zeigt blaue, rote, lachs-, pink- und fliederfarbene Töne.

Leimkräuter (*Silene*) schmücken ihr feines Laub mit zarten Blüten, die beim Himmelsröschen (*Silene coeli-rosa*) himmelblau gefärbt sind. Gerade mal 20 cm hohe, polsterförmig wachsende Sorten wie 'Weißkehlchen' (*Silene uniflora*, weiß) oder 'Celina' (*Silene pendula*, rosa) sind besonders zierlich und blühen von Mai bis September. Der im Namen sehr ähnlich klingende Lein (*Linum grandiflorum*) zeigt seine Blütenschalen vor allem in tiefen Rottönen, seltener in Weiß oder Rot. Die dritten im Bunde der „Beinahe-Namensvettern" sind die Leinkräuter (*Linaria maroccana*), die sich in der 'Fantasy'-Serie (rosa, gelb, violettblau, weiß) als sehr blühfreudig präsentieren (25 cm).

Feuerrote Kleinode sind die Sommer- und Herbst-Adonisröschen (*Adonis aestivalis, A. annua*). Über ihrem fein gefiederten Laub erheben sich im Mai oder Juli rote Blüten mit schwarzer Mitte. Das verhalf ihnen zu ihrem deutschen Synonym „Blutströpfchen". Die heimischen Pflanzen sind in freier Natur nur noch sehr selten anzutreffen. Im Topfgarten finden sie ein neues zu Hause. Ähnliches gilt für den einjährigen Sommerrittersporn (*Consolia regalis*), der als ehemals häufiges Ackerunkraut auf den Feldern fast vollständig verschwunden ist. Mit Züchtungen wie der 'Sidney'-Serie blüht er sich alljährlich in die Herzen von Naturfreunden.

Der Bienenfreund (*Phacelia congesta*), auch als „Büschelschön" bekannt, ist Ihnen sicher eher als Gründüngungspflanze geläufig. In Töpfen und Schalen macht er aber eine ebenso gute Figur. Seine blauvioletten, mit langen Staubfäden dekorierten „Blütenschnecken" auf 40 bis 50 cm hohen Stängeln sind wahre Schmetterlingsmagneten. Noch zartblütiger, aber kräftiger blau ist sein Verwandter *Phacelia campanularia* mit 20 cm Wuchshöhe.

Die Blaue Hainblume (*Nemophila menziesii*) reiht sich ein in die blau blühenden, kaum 20 cm hohen Geheimtipps für Pflanzschalen. Sie ist ursprünglich in Gebirgsregionen zu Hause und stellt mit ihren kamilleartigen Blättern keinerlei Ansprüche, solange der Standort nicht zu heiß ist.

Ursprüngliche Acker-Wildkräuter sind konkurrenzschwach und sollten nicht in gemischten Gefäßen verwendet werden.

Naturschönheiten für Töpfe und Schalen

1

Prachtkerze
(Gaura lindheimeri)

Pflanze: Noch zählen diese Halbsträucher aus dem Süden der USA zu den Raritäten im Topfgarten. Dank ihrer schmetterlingshaften Blüten wird sich dies jedoch sicher in den nächsten Jahren ändern. Neben der rein weißen Form zeigt 'Pink Dwarf' einen kompakteren Wuchs und rosafarbene Blüten.
Standort: Sonne ist das Lebenselexier der texanischen Pflanzen. Heiße Südlagen sind kein Problem.
Pflege im Sommer: Gießen Sie regelmäßig, aber nicht zu viel. Die Erde sollte gut durchlässig sein, damit es nicht zu Staunässe kommt. Gedüngt wird rund alle 14 bis 21 Tage.
Pflege im Winter: Die langlebigen Pflanzen überwintern bei 5 bis 15 °C, die Triebe trocknen weitgehend zurück und sprießen ab März neu.
Gesundheit: Schädlingsfrei.

Unter den Zwiebelblumen macht die Tagblume (*Commelina*) das Rennen. Ihre kleinen, leuchtend blauen Blüten sitzen je nach Art während des Sommers bis zum anbrechenden Herbst verstreut an langen, kletterpflanzenartigen Trieben, die man entweder über die Gefäßränder herabhängen lässt oder aufbindet. Im Frühling findet sie in der Kronen-Anemone (*Anemone coronaria*) ein Pendant, die ihre violetten Schalenblüten zwischen März und Mai präsentiert.

Ergänzend sollten Sie Ampelpflanzen einsetzen. Mit ihren weißen bis rosafarbenen Strahlenblüten sind vor allem die Spanischen Gänseblümchen (*Erigeron*, Seite 103) Kandidaten für den natürlich-naturnahen Topfgarten, außerdem die Schneeflockenblume (*Sutera*, Seite 105).

Schafgarbe, Goldmohn & Co. sind Schmetterlingsmagneten.

Viel pflegen müssen Sie wenig

Eigentlich ist ein Naturgarten umso schöner, je weniger man eingreift. Glücklicherweise machen natürlich wirkende Pflanzen weniger Arbeit als viele großblütige Zuchtformen. Sind die Blüten welk, fällt das kaum auf, da sie klein sind – ein Ausschneiden erübrigt sich. Da viele der genannten Pflanzen mit ihrem feinen Laub wenig Wasser brauchen, ja sogar sehr trockentolerant sind, bereitet nicht einmal das Gießen übermäßige Arbeit. Und wenn Sie mal das Düngen vergessen, das ohnehin nur ein Mal im Monat stattfinden muss, ist selbst das unproblematisch, denn die wilden Schönheiten brauchen kaum Nährstoffe.

---

2 Jungfer im Grünen
(Nigella damascena)

Pflanze: Bei diesen Mittelmeerpflanzen sind nicht nur die Hochsommerblüten ein Hingucker, sondern auch die Samenstände. Sie plustern sich zu runden Kapseln auf, die von filigranen Hochblättern umgeben sind und an ihrer Spitze „Hörner" tragen. Die Serie 'Miss Jeckyll' erreicht rund 50 cm Höhe (blau, rosa, weiß).
Standort: Sonne sollte sein.
Pflege im Sommer: Eine konstant niedrige Bodenfeuchte ist gut, kurze Trockenheit schadet nicht. Gedüngt wird ein Mal im Monat. Da die Kapseln sehr viele Samen enthalten, brauchen Sie nicht alle im Herbst zu ernten, um den nächstjährigen Satz zu sichern. Einige Kapseln trocknet man und nutzt sie für Gestecke.
Pflege im Winter: Ab Mitte März wird direkt in Töpfe ins Freiland gesät.
Gesundheit: Keine Anfälligkeiten.

3 Kornrade
(Agrostemma githago)

Pflanze: Neben der klassisch-pinkfarbenen Naturform begeistert auch die reinweiße Sorte 'Ocean Pearl' mit tuchfeinen Blüten auf schlanken Stielen und feinem, graugrünen Laub. Die Höhe beträgt rund 50 cm.
Standort: Volle Sonne wird ebenso wie Halbschatten toleriert. Die Pflanzerde sollte nicht zu locker, sondern mit etwas lehmiger Gartenerde vermischt sein.
Pflege im Sommer: Gießen Sie ganz normal und düngen Sie monatlich. Die Blütenstiele eignen sich auch für die Vase. Lassen Sie einige Samenstände zum Ernten ausreifen.
Pflege im Winter: Füllen Sie im März die vorgesehenen Gefäße mit frischer Erde und säen Sie die getreideähnlichen Samen direkt hinein. Kälte schadet dem Saatgut nicht.
Gesundheit: Gesunde Pflanzen.

4 Spinnenpflanze
(Cleome spinosa/C. hassleriana)

Pflanze: Mit gut 100 cm Höhe sind diese einjährigen Sommerblumen mit die stattlichsten in der Riege der wilden Topfblumen. Ihre endständigen Blüten wirken durch die langen, herausragenden Staubfäden sehr bizarr. Die Blütenstiele wachsen zumeist nicht gerade, sondern geneigt oder bogenförmig. Mit 50 bis 60 cm kompakt bleibt die 'Sparkler'-Serie. 'Kirschkönigin' (rosa, im Bild) oder 'Helen Campbell' (weiß) erreichen 120 cm.
Standort: Sonne fördert die Dauerblüte von Juli bis Oktober.
Pflege im Sommer: Der Wasserbedarf hält sich in Grenzen, aber düngen sollten Sie wöchentlich.
Pflege im Winter: Säen Sie ab März aus. Eine Direktsaat im Mai ist möglich, verspätet aber die Blüte.
Gesundheit: Robuste Art.

Rosige Zeiten *im Balkongarten*

Im Garten gelten Rosen schon lange als die Blütenköniginnen schlechthin. Auf dem Balkon aber sind sie bislang nur eine Art unter vielen. Dabei sind Hunderte von Rosensorten hervorragend für die Topfkultur geeignet, ohne dass man bei der Züchtung ursprünglich diese Nutzung im Sinn gehabt hätte. Hinzu kommen in den letzten Jahren eine Fülle kleinwüchsiger Sorten, die extra auf ihre Topftauglichkeit hin selektiert wurden.

Von ganz klein bis ganz groß

Mini-Rosen in kleinen Töpfen sind nicht sicher frostfest. Man stellt sie im Winter in strohgefüllten Kisten zusammen oder überwintert sie im Haus.

Zwergrosen, die man ebenso als Kleinstrauch- oder Minirosen bezeichnet, sind mit ihrer geringen Größe von höchstens 30 cm für ein Leben im Topf geradezu geboren. In der Regel handelt es sich um öfterblühende Rosensorten, die von Mai bis September immer neue Knospen ansetzen. Da sie als Mitnahme- und Geschenkartikel in hohen Stückzahlen angeboten und dementsprechend produziert werden, tragen die meisten keinen Sortennamen: man kauft, was der Handel gerade blühend anbietet und was einem gefällt. Nicht immer sind diese Sorten jedoch ebenso blütenreich wie gesund. Besser ist es, hier zu bewährten Sorten zu greifen, deren Eigenschaften man kennt und schätzt (siehe Seite 97).

Gleich nach den Zwergrosen bewerben sich **Bodendeckerrosen** um einen Stammplatz auf Ihrer Terrasse. Mit Höhen von rund 40 bis 60 (100) cm haben auch sie ein Format, das dauerhaft in den Topfgarten passt. Die Wuchsformen sind recht unterschiedlich. Einige wachsen trotz der Eingruppierung bei den „Bodendeckern" aufrecht und formen runde Büsche, andere neigen ihre Triebe wie Ampelpflanzen herab oder wachsen trauerförmig.

Beetrosen, zu denen unter anderem Tee-Hybriden, Polyantha- und Floribunda-Rosen zählen, machen die weitaus größte Rosenklasse aus. Ihre Topftauglichkeit ist jedoch insgesamt gering, da ihre straff-aufrechten, wenig verzweigten Triebe als Einzelstücke trotz fantastischer Blüten kein schönes Gesamtbild ergeben. Sie sind besser im Garten aufgehoben, wo sie zu mehreren die Beete schmücken. Hier kann man sie gut mit die Basis kaschierenden Pflanzenpartnern kombinieren.

Ausnahmen bestätigen die Regel, aber der Hobbygärtner findet auf den ersten Griff und ohne fachliche Beratung nicht immer das Richtige.

Zwergrosen blühen in Kästen unermüdlich.

Rosen werden erst im März geschnitten, wobei nur die Beetrosen kräftig auf 20 cm kurze Zweige eingekürzt werden. Mini-, Bodendecker- und Kletterrosen werden in erster Linie ausgelichtet und in Form gebracht.

Bei den **Hochstammrosen** handelt es sich nicht um eine Rosenklasse im eigentlichen Sinne. Hochstammrosen sind eine Kulturform, bei der zunächst eine so genannte „Unterlage" herangezogen wird. Hierfür werden häufig Wildrosen mit geradem, kräftigem Stamm verwendet. Dann kappt man die Krone und setzt stattdessen mit Hilfe hochentwickelter Veredelungstechniken die gewünschte Edelsorte auf. Diese Edelsorte kann aus diversen Rosengruppen stammen. Der Vorteil der Kultur von Hochstammrosen in Töpfen ist ihre Mobilität. Da ihre Veredlungsstelle – in 80 cm oder mehr Höhe offen der Kälte ausgesetzt – die bei allen Rosen frostempfindlichste Stelle ist, nimmt sie leichter Schaden als beispielsweise bei Beetrosen. Hochstammrosen in Töpfen kann man während der wenigen, wirklich kalten Wochen des Jahres an einen kühlen oder gerade frostfreien Platz im oder am Haus stellen. So haben Sie für Jahrzehnte Freude an den stattlichen Rosen.

Kletterrosen sind die höchsten im Bunde der Topfrosen. Man teilt sie in zwei Gruppen ein: Rambler haben dünne, biegsame Triebe und machen auf dem Balkon die bessere Figur, blühen aber meist nur einmal pro Saison, dafür aber sehr üppig. Climber sind starkwüchsig mit starren Trieben und blühen zumeist öfter im Jahr.

Dezente Rosenbegleiter

Rosen brauchen Blütenpflanzen an ihrer Seite, die zwischen den Schönheiten vermitteln und sich selbst dezent im Hintergrund halten. Bei den einjährigen Sommerblumen sind Jungfer im Grünen (*Nigella*, Seite 93), Eisenkraut (*Verbena*, Seite 104) und Schmuckkörbchen (*Cosmos*, Seite 19) bewährte Begleiter. Unter den winterfesten Arten zählen hierzu vor allem die „Blaublütigen" wie Glockenblume

Blaue und weiße Rosenbegleiter

1 Weißbecher
(Nierembergia hippomanica)

Pflanze: Weiße Blüten sind Vermittler zwischen besonders auffälligen Rosensorten. Würden sie direkt nebeneinander wachsen, würden sie zu stark konkurrieren. Weißbecher wachsen in 20 cm niedrigen Polstern und eignen sich damit bestens zur Unterpflanzung von Rosen. Sorten wie 'Mont Blanc' sind klassisch weiß, 'Purple Robe' ist purpurviolett.
Standort: Dass bei Unterpflanzungen die Sonnenstrahlen durch die Rosenkronen gefiltert werden, tut der Blüte von Juli bis September keinen Abbruch.
Pflege im Sommer: Die Erde sollte stets leicht feucht sein. Austrocknen oder Überhitzen vermeiden.
Pflege im Winter: Eine Überwinterung der eigentlich Mehrjährigen ist möglich, aber schwierig. Saat ab März.
Gesundheit: Robuste Art.

2 Rittersporn
(Delphinium)

Pflanze: Wie im Garten, so sind die Blütenkerzen des frostfesten Stauden-Rittersporns (*D.* × *cultorum*) auch im Balkongarten unverzichtbare Rosenbegleiter. Die Farbpalette reicht von Weiß über Rosa bis Hell- und Violettblau. Zierlicher ist der leuchtend blaue Zwerg-Rittersporn (*D. grandiflorum*, 30 cm, siehe Bild), z.B. 'Blauer Spiegel', 'Summer Blues'.
Standort: Für eine tolle Blüte muss viel Sonne her. Eine leichte Luftbewegung verhindert, dass sich Pilzerkrankungen einstellen.
Pflege im Sommer: Der Wasserbedarf ist nicht zu unterschätzen, Trockenheit in jedem Fall zu vermeiden.
Pflege im Winter: Stauden-Rittersporne können geschützt im Freien überwintern, Zwerg-Rittersporne sät man ab März jährlich neu aus.
Gesundheit: Im Frühling Blattläuse.

Empfehlenswerte Rosensorten (ADR-Rosen)

Bodendeckerrosen:
'Aspirin' ('96, weiß), 'Estima' ('98, rosa), 'Medeo' ('01, weiß), 'Saremo' ('98, rosa), 'Simply' ('02, rosa), 'Kronjuwel' ('99, rot), 'Celina' ('99, gelb-weiß), 'Magic Meidiland' ('95, rosa), 'Palmengarten Frankfurt' ('92, rosa), 'Apfelblüte' ('91, weiß), 'Sommerwind' ('87, rosa), 'Bonica '82' ('82, rosa).

Kletterrosen:
'Manita' ('97, rosa), 'Rotfassade' ('99, rot), 'Super Excelsa' ('90, rot), 'Banzai '83' ('85, gelb), 'Compassion' ('76, orangerosa), 'Morning Jewel' ('75, rosa), 'Grand Hotel' ('73, rot), 'Sympathie' ('64, rot), 'Parkdirektor Riggers' ('60, rot), 'Dortmund' ('54, rot), 'Flammentanz' ('52, rot)

Kleinstrauch-/Zwergrosen:
'Nemo' ('00, weiß), 'Phlox Meidiland' ('01, rosa), 'Loredo' ('01, gelb), 'Queen Mother' ('96, rosa), 'Medusa' ('95, rosa), 'Dortmunder Kaiserhain' ('94, rosa), 'Georgette' ('93, rosa), 'Foxi' ('93, rosa)

In jüngerer Zeit prämierte **Beetrosen**, die aufgrund ihrer überschaubaren Höhe für die Kübelkultur bestens geeignet sind:
'Neon' ('99, rosa), 'Vinesse' ('00, orangerosa), 'Maxi Vita' ('00, orangerot), 'Bad Birnbach' ('00, rosa), 'Brautzauber' ('99, weiß), 'Aprikola' ('01, apricot), 'Northern Lights' ('95, gelb), 'Melissa' ('95, rosa), 'Bayernland' ('95, rosa), 'Blühwunder' ('94, lachsfarben), 'Mirato' ('93, rosa).

(*Campanula*) oder Ochsenzunge (*Anchusa*). Sind die Rittersporne (*Delphinium*, siehe unten) verblüht, tritt der Eisenhut (*Aconitum napellus*) an ihre Stelle. Disteln wie Kugeldistel (*Echinops bannaticus*) und Edeldistel (*Eryngium planum*) sind eine ungewöhnliche wie stilvolle Ergänzung. Storchschnabel-Arten (*Geranium*) können gut eingesetzt werden, um die Erde um die Zweigansätze der Rosen zu kaschieren. Seit 1950 bewertet die „Allgemeine Deutsche Rosenneuheitenprüfung" die Neuzüchtungen und vergibt für die besten das Prädikat „Anerkannte Deutsche Rose (ADR-Rose)". Es bescheinigt unter anderen Kriterien die Robustheit und Blühfreudigkeit einer Sorte. Unter den knapp 150 bis heute ausgezeichneten Sorten zählt die große Mehrzahl zu den Beet- und Strauchrosen. Aus den anderen Rosenklassen, die für den Balkongärtner interessant sind, wurden beispielsweise die im obigen Kasten aufgeführten Sorten mit dem Prädikat „ADR-Rose" ausgezeichnet.

3 Duftsteinrich
(Lobularia maritima)

Pflanze: Bei diesen einjährigen, herrlich duftenden, rund 10 cm hohen Polsterblumen können Sie wählen zwischen weißen Sorten (z.B. 'Schneehaube', 'Snow Crystals'), dunkelviolett ('Orientalische Nächte') oder rosa (z.B. 'Easter Bonnet Deep Rose') .

Standort: Sei es Sonne oder Halbschatten: diese Blüte hält non-stop von Mai bis Oktober an.

Pflege im Sommer: Der Duftsteinrich ist anspruchslos und zeigt sich auch bei nicht perfekter Pflege sehr blühwillig. Gießen Sie in Maßen: Staunässe schadet.

Pflege im Winter: Eine Vorkultur im Verlauf des April genügt, um ab Mitte Mai blühende Pflanzen zu haben.

Gesundheit: Robuste Art, die gelegentlich im Frühjahr Blattläuse bekommt.

4 Männertreu
(Lobelia erinus)

Pflanze: Mit ihren leuchtend blauen Blüten sind Sorten wie 'Riviera Sky Blue' oder 'Regatta Midnight Blue' der 10 bis 20 cm hohen Einjährigen himmlische Rosenbegleiter, die leicht über die Gefäßränder herabhängen. Mit 'Riviera Rose' oder 'Palace White' stehen Ihnen auch rosafarbene und weiße Farbvariationen zur Verfügung.

Standort: Sonne bis Halbschatten sind möglich.

Pflege im Sommer: Lassen Sie die Erde nicht austrocknen und schneiden Sie die Pflanzen nach der ersten Blüte kräftig zurück, damit sie neue Knospen ansetzen.

Pflege im Winter: Die Aussaat erfolgt ab März bei 20°C im Haus. Die Samen werden nur auf die Erde gestreut, da sie Lichtkeimer sind.

Gesundheit: Pilzinfektionen möglich.

Gesundheit nur bei guter Pflege

Wer viel Freude mit seinen Rosen haben möchte, muss Topfexemplare wirklich gut pflegen. Durch die jahrhundertelange Züchtungsarbeit sind viele Linien leider nicht robuster geworden. Viele Sorten von heute sind mehr oder weniger anfällig für Pilzerkrankungen wie Mehltau oder Rost. Diverse Schädlinge vom Rosentriebbohrer bis zur Blattlaus vergreifen sich an ihnen. Je mehr eine Pflanze in Stress gerät, umso anfälliger ist sie. Stress stellt sich bei Topfrosen rasch ein. Stehen sie immer wieder zu trocken oder über längere Zeit zu nass, ist der Standort zu heiß oder zu schattig, werden die natürlichen Abwehrkräfte geschwächt. Haben Schädlinge oder Krankheiten einmal Fuß gefasst, schwächen sie die Pflanzen weiter: ein Kreislauf, der rasch die Blütenentwicklung stoppt oder zum Laubfall führt.

Rosen brauchen möglichst hohe Pflanzgefäße, da ihre Wurzeln in die Tiefe streben.

Achten Sie deshalb darauf, dass die Erde möglichst nicht austrocknet. Vermeiden Sie aber ebenso, dass Wasser in den Übertöpfen oder Untersetzern steht und die Wurzeln vernässt. Vor allem öfterblühende Rosen brauchen für ihre Blütenfülle laufenden Nachschub an Nährstoffen. Verwenden Sie während der Saison von April bis August einen Rosendünger in der vom Hersteller auf der Packung angegebenen Dosierung. Der Standort sollte zwar sonnig, aber nicht heiß sein. Ein leichter Luftzug sorgt im Sommer für Kühlung und ständigen Luftaustausch. Achten Sie darauf, dass die Sonne nicht direkt auf die möglicherweise schwarzen Pflanzcontainer trifft, sonst heizen sich die Topfwände, die Erde und schließlich auch die Wurzeln sehr stark auf. Trotz ausreichender Bodenfeuchte liefern die Wurzeln dann nicht mehr genügend Wasser nach, da sie keine volle Leistung erbringen können.

Tolle Halbsträucher für den Rosengarten

1 Zistrose
(Cistus)

Pflanze: Sie tragen nicht umsonst den Namen der Rose in ihrem Titel: Zistrosen-Blüten sind schön wie Wildrosen und präsentieren sich in zahlreichen Arten mit weißen oder rosafarbenen Blüten.
Standort: Volle Sonne und Hitze sind förderlich für eine lange Blüte im Mai und Juni.
Pflege im Sommer: Der Durst der mediterranen Pflanzen ist enorm – trotz des rauen und scheinbar vor Verdunstung geschützten Laubs. Der Düngebedarf ist dagegen mäßig: ein- bis zweimal im Monat genügt.
Pflege im Winter: Die langlebigen Halbsträucher überwintern bei 0 bis 10 °C an einem (halb-)hellen Platz zuverlässig. Lassen Sie die Erde während des Winters weder austrocknen noch vernässen.
Gesundheit: Keine Anfälligkeiten.

2 Lavendel
(Lavandula angustifolia)

Pflanze: Lavendel kennt jeder – und jeder sollte ihn haben. Nicht nur das silbergraue Laub, auch der würzige Duft und die violettblauen oder weißen ('Alba') Blüten machen ihn zu einem idealen Topfkandidaten.
Standort: Volle Sonne ist wichtig.
Pflege im Sommer: Lassen Sie die Erde nicht austrocknen. Ein Rückschnitt nach der Blüte bewahrt die ganzjährig belaubten Halbsträucher vor dem Verkahlen.
Pflege im Winter: Eine Überwinterung im Freien ist möglich, bei strengem Dauerfrost ist jedoch eine Isolierung der Töpfe ratsam. Sicher ist eine Überwinterung in Garagen oder geschützten Überständen, wo die Pflanzen vor Nässe geschützt sind.
Gesundheit: Im Frühling zuweilen Blattläuse, ansonsten eine sehr robuste Art.

Ein Strauch voller Blüten: Strauchmargeriten

Ob als Bäumchen, Stämmchen oder Busch: Strauchmargeriten (*Argyranthemum frutescens*) zählen zu den beliebtesten Kübelpflanzen auf der Terrasse und auf dem Balkon. Das graue, eingeschnittene Laub tut sein Übriges für die elegante Optik. Die zierlichen Körbchenblüten ordnen sich der Üppigkeit prächtiger Rosen dienend unter – durch ihre Vielzahl sind sie aber gleichzeitig selbst wahre Hingucker. In den letzten Jahren bereichern rosafarbene und gefüllte Züchtungen die Auswahl ursprünglich rein weißer Blüten mit gelber Mitte (siehe Tabelle unten).

Pflege-Geheimnis: konstante Bedingungen

Obwohl man sie überreich blühend kauft, hält der Blütenflor zu Hause meist nicht lange in der erwarteten Reichhaltigkeit an. Ursache hierfür ist zum einen der Standortwechsel. Die Pflanzen werden in Gewächshäusern unter idealen Bedingungen herangezogen. Auf Ihrer Terrasse sind sie jedoch Wind, kaltem Regen, starker Hitze oder anderen Faktoren ausgesetzt, an die sie sich gewöhnen müssen. Während dieser Umstellungsphase sparen die Pflanzen Energie und dabei in erster Linie an den Blüten. Wenn Sie die Erde konstant feucht halten und alle 14 Tage düngen, starten die langlebigen Pflanzen jedoch rasch neu durch. Schneiden Sie nach dem ersten Blütenschub die Kronen leicht zurück und in Form, dann setzen sie besser neue Knospen an. Im Winter müssen die Kübelklassiker sehr hell stehen. Dennoch werfen sie meist einen Großteil ihres Laubes ab. Dosieren Sie dann die Gießmenge so, dass die Erde nicht austrocknet. Im März topft man sie um.

Strauchmargeriten in bunten Farben

Sorte	Blütenform und -farbe	Wuchs
'Atlantis'	einfach, weiß	aufrecht
'Courtyard Blanche Petite'	einfach, reinweiß	kompakt
'Daisy Crazy Blazer Primerose'	einfach, rosa	kompakt
'Daisy Crazy Blazer Rose'	halbgefüllt, rosa	kräftig
'Daisy Crazy Bright Carmin'	einfach, pink	kräftig
'Daisy Crazy Strawberry Pink'	einfach, erdbeerrosa	kräftig
'Daisy Crazy White Chrystal'	gefüllt, weiß	kräftig
'Dream Apricot'	einfach, apricotfarben	aufrecht
'Dream Cherry'	einfach, kirschrot	kompakt
'Molimba Maggy White'	einfach, sehr klein, weiß	buschig
'Nelia' (Abb. oben)	einfach, gelb	kompakt
'Neptune'	einfach, klein, weiß	kompakt
'Romance'	einfach, kräftig rosa	kompakt
'Serenade' (Abb. unten)	einf., rosa, weiß abblüh.	kompakt
'Summer Drops'	gefüllt, dunkelrosa	kompakt
'Yellow Star'	einfach, sattgelb	kompakt

Die **Hängenden Gärten** daheim

Sofern Topfpflanzen nicht erhöht aufgestellt sind, muss man seinen Blick zu Boden richten oder sich bücken, um sie zu betrachten. Blick- und rückenfreundlicher sind Ampelpflanzen, die ihren Schmuck in Augenhöhe präsentieren. Und nicht nur das: Sie bieten einen schönen Anblick innerhalb des Balkons und verhindern störende Einblicke von außen. Ampelpflanzen sollten deshalb in keinem Topfgarten fehlen, zumal sie am Boden keinen Platz beanspruchen. Hier bleibt weiterhin genügend Raum für Tisch und Stühle, während es in Kopfhöhe schön grünt und blüht.

Ampel oder Hanging Baskets?

Achten Sie auf stabile und geschlossene Aufhängungen. Bringen Windböen die Ampeln zum Schwingen, könnten sie sich sonst lösen und herabfallen.

Unter dem Begriff „Ampelpflanze" versteht man eine einzelne Pflanze, deren Gefäß nicht am Boden steht, sondern in luftiger Höhe hängt. Ob es sich dabei um eine Art mit hängenden Trieben handelt oder eine aufrecht wachsende Pflanze, ist zunächst nicht definiert. Fuchsien (*Fuchsia*-Hybriden, Seite 88f.) sind mit ihren aufrecht-buschigen Trieben, aber hängenden Blüten ebenso beliebte Ampelpflanzen wie der Efeu-Gundermann (*Glechoma hederacea*), der meterlange Girlanden in Richtung Boden entsendet.

„Hanging Baskets" ist ein Begriff aus England, der hierzulande im Original übernommen wurde. Gemeint sind damit im wörtlichen Sinne „Hängende Körbe". Als Pflanzgefäße dienen keine dreiseitig geschlossenen Töpfe oder Schalen, sondern halbkreisförmige Körbe aus Draht oder Gusseisen. Plastikmodelle konnten sich aufgrund der dürftigen Optik und Haltbarkeit bislang kaum durchsetzen. Baskets aus Recyclingmaterialien (z.B. Pappmaché) halten nur eine Saison. Damit die Erde und Pflanzen in den lückigen Drahtgeflechten Halt finden, kleidet man sie mit einer dichten Lage Moos aus. Zusätzlich kann man auf der Moosschicht Folie auslegen, die mit einem Loch am tiefsten Punkt wasserdurchlässig gemacht wird. Denn obwohl man sich im Sommer häufig wünscht, man könne auf Vorrat gießen und geschlossene Folien verwenden, wäre die Gefahr von Staunässe und Sauerstoffmangel im Wurzelbereich mit anschließender Wurzelfäulnis ein zu hohes Risiko. Die so ausgekleidete Fläche wird mit humoser Blumenerde gefüllt. Der Clou der Baskets: Sie können von allen Seiten bepflanzt werden, nicht nur von oben. Dazu steckt man die Wurzelballen der ausgewählten Jungpflanzen von außen zwischen den Lücken der Körbe durch die Moos- und Folienschicht hindurch bis in die Erdfüllung, wo sie einwurzeln können. Auch die schalenförmige Öffnung oben wird natürlich bepflanzt. Und so entwickeln sich mit den größer werdenden Pflanzen bald wunderschöne, rundherum bewachsene Blütenkugeln – ein Bild, das Sie mit klassischen Blumenampeln nicht erzielen können.

Himmel und Sonne: Gauchheil und Husarenknopf.

Blumen, Gemüse und noch mehr

Gerade Hanging Baskets sind dafür prädestiniert, nicht mit einer einzelnen Pflanzenart wie zumeist in den Ampeln bepflanzt zu werden. Ihre große Öffnung erlaubt es, bunte Potpourris zusammenzustellen. Dabei kommen sowohl Gemüsearten (z.B. buntstängeliger Mangold, Zierkohl, Lauch) oder Obst (z.B. Erdbeeren, Birnenmelonen), als auch Kräuter (z.B. Thymian) oder klassische Sommerblumen zum Einsatz. Frei nach dem Motto: Was gefällt, ist auch beliebt. Je vielfältiger die Mischungen sind, umso mehr Erfahrung braucht man aber, um damit am Ende eine harmonische Gesamtwirkung zu erzielen. Im Zentrum des Baskets müssen die aufrecht wachsenden Pflanzen platziert werden, wobei diese eine Höhe von 20 bis 30 cm nicht überschreiten sollten. An den Rändern kommen hängende Arten zum Einsatz, die keine allzu langen Triebe ausbilden dürfen. Sie würden ansonsten den Pflanzen, die auf der Unterseite des Baskets wachsen (siehe Seite 100), das Licht rauben. Für diese „Unterpflanzung" kommen vor allem langtriebige Hängepflanzen in Frage.

Weniger kompliziert ist die Bepflanzung, wenn Sie sich für Pflanzen einer Art, aber verschiedener Sorten entscheiden, z.B. für verschiedene Petunien. Wenn Sie dabei darauf achten, dass diese gleich stark- oder schwachwüchsig sind, besteht keine Gefahr, dass im Laufe der Saison einzelne Pflanzen so sehr bedrängt werden, dass sie ausfallen. Wenn Sie mit der Ampelbepflanzung noch nicht so viel Erfahrung haben, sollten Sie zunächst nicht mehr als zwei bis drei Sorten miteinander mischen. Nötigenfalls können Sie mit einem leichtem Rückschnitt Unregelmäßigkeiten der Wuchsfreude bei den einzelnen Sorten gut ausgleichen.

Hier stehen alle Ampeln auf „Grün"

1 Husarenknopf, Goldtaler
(Sanvitalia procumbens)

Pflanze: Während die Naturform und Sorten wie die der 'Sprite'-Serie aufgrund ihrer dunkelbraunen Mitte eine hohe Kontrastwirkung zu den gelben oder orangefarbenen Blütenblättern haben, ist die Mitte bei 'Aztekengold' oder 'Cuzco Yellow Improved' gelbgrün. Die Triebe erreichen 20 bis 30 cm Länge und hängen leicht über.
Standort: Die Mexikaner brauchen Sonne, Sonne und nochmals Sonne.
Pflege im Sommer: Die Erde sollte gut durchlässig sein, damit keine Staunässe aufkommt. Düngen Sie in 14-tägigem Rhythmus und schneiden Sie welke Blüten regelmäßig ab, um die Nachblüte zu fördern.
Pflege im Winter: Die Aussat erfolgt ab März im Haus oder ab April direkt ins Freie in die vorgesehenen Töpfe.
Gesundheit: Robuste Art.

Spanisches Gänseblümchen in vollem Flor.

Die richtigen Partner

Mischt man nicht zu viele Arten miteinander, ist es auch einfacher, den Pflegeansprüchen gerecht zu werden. Setzen Sie nur solche Pflanzen zusammen, die beispielsweise gleich viel Wasser brauchen. Petunien mit Hänge-Geranien zu kombinieren, wäre deshalb verkehrt. Starkwüchsige Hänge-Petunien und Zweizahn (*Bidens*, siehe unten) oder Harfenstrauch (*Plectranthus*, Seite 105) sind dagegen ein gutes Paar, das obendrein pro Woche eine Flüssigdüngergabe verträgt. Würde man Hänge-Petunien dagegen mit zart besaiteten Schneeflockenblumen (*Sutera*, Seite 105), Lobelien (*Lobelia*, Seite 97), Mäuseöhrchen (*Cuphea*, Seite 53), Gauchheil (*Anagallis monellii*) oder Hornklee (*Lotus maculatus, L. berthelotii*) zusammenpflanzen, hätten letztere keine Chance.

Neben dem Wasser- und Düngerbedarf müssen Sie die Standortansprüche berücksichtigen. Begonien (*Begonia*-Hybriden, Seite 106) und Fuchsien (*Fuchsia*-Hybriden, Seite 88f.) bevorzugen teil- bis absonnige Plätze. Würde man sie mit Sonnenanbetern wie dem Gelben Gänseblümchen (*Thymophylla tenuiloba*) kombinieren, würde dieses nur mäßig blühen. Auf der anderen Seite würden bei allzu sonnigen oder gar heißen Lagen die Blätter von Fuchsien und Begonien braune Flecken davontragen. Ein guter Partner für den Halbschatten ist dagegen der wärmebedürftige Katzenschwanz (*Acalypha hispaniolae*) mit seinen herabhängenden Blütenschleppen.

2 Fächerblume
(Scaevola saligna)

Pflanze: Charakteristisch für diese australischen, mehrjährigen Stauden sind die asymmetrischen Blüten, die sich zu Halbkreisen arrangieren. Die Triebe können bis zu 80 cm Länge erreichen, die Regel sind aber eher rund 30 cm.
Standort: Sonne wie Halbschatten sind willkommen. Die Blätter und Blüten sind nicht windempfindlich.
Pflege im Sommer: Düngen Sie 14-tägig in halber Konzentration und verwenden Sie kein kalkhaltiges Leitungswasser. Die Blüten müssen nicht entfernt werden, da sie von selbst zu Boden fallen.
Pflege im Winter: Eine Überwinterung bei 8 bis 15 °C ist an sehr hellen Standorten unproblematisch. Die Vermehrung ist für den Laien schwierig.
Gesundheit: Bei Nässe Wurzelprobleme. Zuweilen Weiße Fliege.

3 Zweizahn
(Bidens ferulifera)

Pflanze: Mit gut 50 cm Länge und ebensolcher Breite beanspruchen diese Hängepflanzen ihre Gefäße gern für sich alleine. Kombiniert man sie, müssen die Partner starkwüchsig und robust sein. Ein Einkürzen oder Auslichten der Triebe ist jedoch jederzeit möglich.
Standort: Je mehr Sonne die Triebe erhalten, umso zahlreicher öffnen sich von Mai bis Oktober die goldgelben Strahlenblüten, die wie tausend kleine Sonnen wirken.
Pflege im Sommer: Der Wasserbedarf ist hoch, der Nährstoffbedarf ebenso. Düngen Sie wöchentlich.
Pflege im Winter: Obwohl sich die Pflanzen zuweilen als zweijährig erwiesen haben, sollte man sie ab Anfang März jährlich neu aussäen.
Gesundheit: Im Frühling zuweilen Blattläuse, sonst sehr robuste Art.

4 Spanisches Gänseblümchen
(Erigeron karvinskianus, Bild oben)

Pflanze: Trotz ihres Namens stammen diese ausdauernden Stauden nicht aus Spanien, sondern aus Mexiko. Ihre zierlichen Korbblüten sind leicht rosa gefärbt, solange sie knospig sind. Voll erblüht sind sie weiß mit gelber Mitte.
Standort: Teilsonnige Lagen würden die Blüte mindern. Heiße Plätze auf Südbalkonen sind ideal, sie fachen die Blüte zusätzlich an.
Pflege im Sommer: Die Erde sollte nur leicht feucht gehalten werden, was nicht viel Mühe erfordert, denn das feine Laub verdunstet nicht viel. Dünger alle 14 bis 21 Tage genügt. Verblühtes sollten Sie regelmäßig zurückschneiden.
Pflege im Winter: An hellen Plätzen bei 0 bis 15 °C gelingt die Überwinterung mühelos.
Gesundheit: Robuste, gesunde Art.

Für Kontraste sorgen Wechsel in der Blütenform: Kombinieren Sie große mit kleinen oder trompetenförmige mit körbchenartigen Blüten.

Neben den Wuchseigenschaften will auch die optische Wirkung gemischter Ampelbepflanzungen fein aufeinander abstimmt sein. Hier können Sie entweder auf Kontraste setzen und sehr gegensätzliche Blütenfarben (z.B. Blau-Gelb, Violett-Orange) miteinander mischen – oder Einheitlichkeit und Harmonie demonstrieren (z.B. Rot-Gelb, Blau-Weiß). Zwei Parnter, die wegen ihrer gleichen Blütenform und Wuchseigenschaften sehr schön miteinander harmonieren sind Spanisches Gänseblümchen (*Erigeron karvinskianus*, Seite 103) und Blaues Gänseblümchen (*Brachyscome*, siehe Seite 105) mit ihren kleinen, aber ungeheuer zahlreichen Körbchenblüten. Ein gleichfarbiges wie -starkes Paar sind Husarenknopf (*Sanvitalia*, Seite 102) und Zweizahn (*Bidens*, Seite 103). Ihrer (halb-)radförmigen Blüten wegen passen Fächerblume (*Scaevola*, Seite 103) und Eisenkraut (*Verbena*, siehe unten) gut zusammen.

Wie hätten Sie´s gerne: hängend oder kletternd?

Für Blumenampeln kommen jedoch nicht nur Pflanzen mit langen, herabhängenden Trieben in Frage. Auch Kletterpflanzen machen sich hier hervorragend! Statt an Gerüsten emporzuwinden oder sich an Kletterpyramiden einzuhaken, lassen sie ihre Blüten über den Rand von Ampeln und Blumenkästen herabhängen, wo sie ebenfalls in den vollen Sonnengenuss kommen. Allerdings dürfen sie für diesen Zweck nicht allzu starkwüchsig sein. Bestens geeignet sind Kriechende Winde (*Convolvulus sabatius*), Maurandie (*Maurandya barclaiana*), Duft-Wicke (*Lathyrus odoratus*) und Rosenkelch (*Rhodochiton atrosanguineus*, beide Seite 109) oder kleinwüchsige Kapuzinerkresse (*Tropaeolum*, Seite 125).

Blütenträume in der dritten Dimension

1 Eisenkraut
(Verbena-Hybriden)

Pflanze: Diese einjährigen Sommerblumen machen zwar keine meterlangen Triebe, aber sie hängen mit ihren zierlichen Blütenrädern so elegant über die Ränder von Ampeln und Kästen herab, dass man sie einfach haben muss. Sorten wie 'Imagination' oder 'Superbena Lavender' erreichen immerhin 50 cm Länge, die 'Tamari'- oder 'Lanai'-Serie, 'Blütenmeer Violett' oder 'Elegance' 30 cm.
Standort: Sonne muss sein, Wärme tut wohl. Ab Mitte Mai ins Freie.
Pflege im Sommer: Gießen Sie eher sparsam. Gedüngt wird 14-tägig. Die Pflanzerde sollte locker und gut durchlässig sein. Keine Staunässe!
Pflege im Winter: Ausgesät wird ab März. Die Anzucht ist anspruchsvoll. Leichter ist der Kauf von Jungpflanzen.
Gesundheit: Diverse saugende Insekten bei zu reichhaltiger Versorgung.

Der Harfenstrauch oder Mottenkönig wird meterlang.

Tipps und Tricks zur Pflege

Das Gießen hoch gelegener Pflanzen ist ohne Hilfe nicht ganz einfach. Auf einen Stuhl brauchen Sie sich aber deshalb nicht zu stellen. Nutzen Sie Gießhilfen, die der Fachhandel in vielen Variationen anbietet. Sie sind mit abgewinkelten Verlängerungsstielen ausgestattet, mit denen man vom Boden aus bequem selbst hochgelegene Ampeln erreichen kann. Noch geschickter ist es, nicht zu den Pflanzen hinaufzuhangeln, sondern sie auf Ihr Niveau herunterzuholen. Das gelingt mit Flaschenzügen ganz einfach. Schalten Sie zwischen den Haken in der Decke und der Gefäßhalterung einen handelsüblichen Flaschenzug. Mit ihm kann man Ampeln und Baskets per Seil auf Hüfthöhe herabziehen und anschließend wieder hinaufbefördern. Sogar ein Tauchen der Ampeln ist dann möglich. Stellen Sie wassergefüllte Eimer bereit, in die man gemäß den Ansprüchen der Art in gewissem Rhythmus eine Portion Flüssigdünger beigibt und in die Sie die Gefäße einsenken können. Sobald keine Luftbläschen mehr aufsteigen, ist die Erde mit Wasser gesättigt. Lassen Sie die Ampeln über dem Eimer noch gut abtropfen, bevor Sie sie wieder nach oben ziehen.

---

2 Blaues Gänseblümchen
(Brachyscome multifida)

Pflanze: Mit ihrer violettblauen Dauerblüte haben diese australischen Gewächse den Balkongarten im Sturm erobert. Von Natur aus langlebig, können diese Stauden überwintern. Ebenfalls möglich ist eine jährliche Neuaussaat ab März.
Standort: Aus ihrer Heimat sind die schmalen Blätter und zierlichen Körbchenblüten Sonne gewöhnt.
Pflege im Sommer: Die Pflanzerde sollte zu rund einem Drittel aus grobem Sand, Lavagrus oder Splitt bestehen, damit sie gut dräniert. Halten Sie die Erde auf niedrigem Niveau konstant feucht.
Pflege im Winter: Winterquartiere müssen hell und 5 bis 12 °C kühl sein. Zum Keimen der Saat sind 20 °C nötig. Alternativ bewurzelt man im Frühling die Triebspitzen (Stecklinge).
Gesundheit: Weiße Fliege im Sommer.

3 Schneeflockenblume
(Sutera)

Pflanze: Wenn mitten im Sommer Schneeflocken fallen, ist eine einjährige Pflanze schuld: Die Schneeflockenblume öffnet von Mai bis September viele kleine weiße bis zart rosafarbene Blüten.
Standort: Sonne ist der Garant für eine dichte Schneedecke.
Pflege im Sommer: Die Erde sollte nicht austrocknen. Der Nährstoffbedarf wird mit einer Flüssigdüngergabe alle 14 Tage gedeckt.
Pflege im Winter: Stecklinge, die man im Spätsommer schneidet und bewurzelt, überwintern hell bei 8 bis 15 °C. Saatgut für die Aussaat Anfang März ist nicht überall im Fachhandel erhältlich. Fragen Sie bei Ihrem Gärtner vor Ort im Frühling nach Jungpflanzen.
Gesundheit: Dauernässe führt zu Wurzelfäulnis und zur Welke.

4 Harfenstrauch 'Marginatus'
(Plectranthus, Bild oben)

Pflanze: Wer eine Ampelpflanze sucht, die wächst, was das Zeug hält, ist mit dem Harfenstrauch bestens beraten: Er macht in einer Saison meterlange Triebe. Seinen Zierwert bezieht er nicht aus schönen Blüten, sondern aus seinen weiß gerandeten, frühlingsgrünen Blättern.
Standort: Ob Sonne oder Halbschatten: Das Wachstum ist überall ungebremst. Wind schadet nicht.
Pflege im Sommer: Durch die hohe Blattmasse ist der Wasserbedarf enorm. Sorgen Sie mit Übertöpfen oder Untersetzern für entsprechende Bevorratungsmöglichkeiten und düngen Sie jede Woche.
Pflege im Winter: Die langlebigen Stauden überwintern hell und gerade frostfrei. Triebspitzen bewurzeln in einem Glas Wasser oder Erde im Nu.
Gesundheit: Keine Anfälligkeiten.

Tolles aus der Knolle: **Hänge-Begonien**

Je dicker die Knollen, umso wuchskräftiger und blühfreudiger sind die daraus hervorsprießenden Pflanzen.

Sie sind der Meinung, Begonien seien in die Jahre und aus der Mode gekommen? Die vielen neuen Sorten der letzten Jahre beweisen das Gegenteil: Mit peppigen Farben und frechen Blütenformen blühen sich Begonien auch in die Herzen junger Menschen. Wer sie als Ampelpflanzen ziehen möchte, muss auf langtriebige Sorten der Knollen-Begonien achten (*Begonia* × *tuberhybrida*, siehe Tabelle unten). Eis-Begonien (*Begonia* × *semperflorens*) wachsen aufrecht und kompakt und neigen sich kaum über die Gefäßränder.

Frühe Pflanzung – frühe Blüte

Da Begonien-Triebe recht brüchig sind, ist ein windgeschützter Platz wichtig.

Da Knollen-Begonien unterirdische, knollige Speicherorgane bilden, sind sie mehrjährig. Im Frühling treibt man sie rechtzeitig an, um schon ab Mai die ersten Blüten genießen zu können. Dazu setzt man die Knollen Anfang März in frische Erde. Die Spitze sollte nur knapp mit Erde bedeckt sein. Anfangs wird in hellen, rund 15 °C warmen Räumen nur sehr zaghaft gegossen. Sobald sich die ersten Triebspitzen zeigen, erhöht man die Gießmenge stetig. An milden Tagen im April bringt man die Pflanzen tagsüber ins Freie, damit sie sich an die Witterung gewöhnen, nachts müssen aber noch zurück ins Haus. Erst ab Mitte Mai, wenn es in der Regel keinen Nachtfrost mehr gibt, können sie ganz draußen bleiben. Wählen Sie keine ganztägig besonnten, sondern leicht beschattete, windgeschützte Standorte aus. Die Erde sollte stets leicht feucht, aber nicht nass bleiben. Benetzen Sie die Blätter möglichst nicht. Welkes wird regelmäßig entfernt.

Moderne Begonien-Sorten mit überhängendem Wuchs

Name	Blütenform und -farbe
'Champagner' (Abb. unten)	sehr groß, apricot
'Dragon Wing Pink'	gefüllt, groß, rosa
'Dragon Wing Red'	gefüllt, groß, rot
'Elserta'	groß, rot-orange
'Illumination Apricot'	gefüllt, gelb-apricot
'Illumination Orange'	gefüllt, leuchtend orange
'Illumination Rose'	gefüllt, kräftig pink
'Illumination White'	gefüllt, weiß-zartgelb
'Panorama Yellow'	gefüllt, leuchtend gelb
'Pendula Gelb'	gefüllt, gelb
'Pendula Rosa'	gefüllt, rosa
'Tenella Pink'	spitzblütig, gefüllt, kräftig rosa
'Tenella Salmon Orange'	spitzblütig, gefüllt, orange-rot
'Tenella Scarlet'	gefüllt, groß, rot
'Tenella White'	spitzblütig, gefüllt, weiß

Klein, aber oho: „Mini-Petunien"

Lange Zeit beherrschten die großblumigen Hänge-Petunien (*Petunia*-Hybriden, Seite 45) die Balkonbühne. Kaum auf dem Markt, machten ihnen aber kleinblumige Pflanzen mit sehr ähnlichen Blüten starke Konkurrenz. Man bezeichnete sie rasch als „Mini-Petunien". Botanisch gesehen handelt es sich aber um die eigenständige Gattung *Calibrachoa*. Ihr Erfolgsrezept: kleine, aber unheimlich viele Blüten. Sie sind wetterfester als die ihrer großblumigen Schwestern, die bei Regen braunfleckig werden können oder verkleben. Viele *Calibrachoa*-Sorten sind mit einer filigranen Blütenzeichnung versehen und in aktuellen Blütenfarben wie Orange erhältlich, die bislang bei Petunien eher Mangelware waren.

Pflegeplan für den kleinen Star

„Mini-Petunien" säen Sie ab Anfang März bei rund 20 °C auf der Fensterbank aus. Bedecken Sie die Saat nicht mit Erde: die Pflanzen sind Lichtkeimer.

In der Pflege ähneln sich die beiden Schwestern sehr: die Erde sollte stets leicht feucht und nicht zu kalkhaltig sein. Günstig ist es, ein Mal im Monat statt des üblichen Flüssigdüngers einen Rhododendrondünger zu verwenden. Er wirkt „sauer" und senkt den pH-Wert. Bei der Standortwahl darf man ruhig weniger wählerisch sein: zugige Standorte sind ebensowenig ein Hindernis wie heiße, vollsonnige Plätze. Obwohl sie gut mit kühlen Temperaturen zurechtkommen, sollten Sie „Mini-Petunien" nicht vor Mitte Mai dauerhaft ins Freie stellen. In kalten Nächten drohen sonst Rückschläge, die man vermeiden kann, indem man die Gefäße kurzfristig ins Haus holt. Eine weitere Möglichkeit: Man rückt die Gefäße an die Hauswand und deckt sie mit Zeitungspapier oder Vlies zum Kälteschutz ab.

Neue Minis mit Zukunft (hängende Sorten)

Sorte	Blüte	Wuchs
'Callie Pink Improved' (unten)	pink	buschig/überhängend
'Callie Sunrise'	rot-gelb	gut verzweigt
'Callinova Gold'	goldgelb	leicht überhängend
'Carillion Burgundy'	purpurrot	flach, wenig hängend
'Celebration Red'	rot	üppig überhängend
'Celebration Sun Nova'	gelb, rote Aderung	kräftig
'Lindura Rose'	kräftig pink-violett	großblütig, kräftig
'Million Bells Cherry Red'	kirschrot	buschig/überhängend
'Million Bells Trailing Lavender Vein' (oben)	zartrosa, violette Aderung	kompakt
'Million Bells Trailing Salmon'	hell-lachsfarben	sehr kompakt
'Mini Famous Apricot Dream'	apricot	mittelstark
'Mini Famous Dark Pink & Eye'	pink, geadert	kräftig
'Mini Famous Tricolore Blue'	blau, innen weiß-gelb	kompakt
'Super Bells Indigo'	violettblau	starkwüchsig
'Sweet Bells Goldberry'	gelb	kompakt, flach
'Sweetbells Appleblossom'	hellrosa geadert	starkwüchsig

Sichtgeschützt durch Kletterpflanzen

Achten Sie nicht nur darauf, dass Kletterpflanzen schnell möglichst hoch werden. Vor allem auf die Dichte der Triebe und Blätter kommt es beim Sichtschutz an!

Kennen Sie das Gefühl, beobachtet zu werden? In den heutigen engen Baugebieten trügt Sie der Eindruck oft nicht: Nachbarn haben von ihren Balkonen, Wohnungen oder Gärten aus oft ungehinderten Einblick in Ihre Privatspäre. Sichtschutz tut hier Not. Aber nicht, um sich total abzuschirmen, sondern um eine gemütliche, geschützte Atmosphäre zu schaffen. Denn wer sich absolut blickdicht einigelt, kann auch selbst nicht mehr hinausschauen! Bei einer dunklen Hecke rund um die Terrasse oder einer Holzwand, die tiefgrün mit immergrünen Kletterpflanzen wie Efeu überwachsen ist, kommt leicht ein Gefühl der Beklemmung auf. Übertreiben Sie es deshalb mit dem Sichtschutz nicht. Es genügt, den Einblick an den Haupt-Sichtachsen durch schöne Kletterpyramiden zu unterbrechen. Dass Sie auf Ihrer Terrasse sitzen, darf man ruhig sehen, aber welches Buch Sie lesen, dass sollte Ihr blickgeschütztes Geheimnis bleiben.

Die Auswahl einjähriger Kletterpflanzen ist groß, doch nicht jede führt zum gleichen Ergebnis. Die einen wachsen ungeheuer rasch und bilden einen dichten Wandteppich aus Blättern, die anderen bleiben licht, dafür sind ihre Blüten auffälliger. Welche der folgenden Arten ist die richtige für Sie?

Blüten- und Blattschmuck in der Vertikalen

Wer **viel Laub** in kurzer Zeit sehen möchte, ist mit der Feuer-Bohne (*Phaseolus coccineus*) bestens beraten. Ein zusätzlicher Schmuck sind ihre feuerroten Blüten, auf die essbare Bohnenschoten folgen. Die Blüten sind jedoch nicht so zahlreich, als dass sie das Prädikat „Dauerblüher" verdient hätte. Gleiches gilt für die Helmbohne (*Lablab purpureus*), auf deren violette Blüten große, essbare Schoten folgen. Ihr Name rührt von den Bohnen im Inneren her, die einen ringartigen, helmförmigen Wulst haben. Der einjährige Hopfen (*Humulus scandens*) bildet in wenigen Wochen reichlich raues Laub, in dem die grünlich-gelben, zapfenartigen Blütenstände kaum auffallen.

Dichte Blättergirlanden und zugleich **wunderschöne Blüten** liefern die Prunkwinden (*Ipomoea*). *I. purpurea* (früher *Pharbitis purpurea*) ist eine der schönsten davon. Die Farbe ihrer Blüten verändert sich im Tagesverlauf von dunklen zu helleren Tönen. Die Sorte 'Scarlet O'Hara' blüht rot, 'Pearly Gate' weiß, 'Grandpa Ott'

Schön geschützt: Lichte Wand aus Bambusstäben mit Efeu.

Feuerbohnen sind starkwüchsige Klettermaxe für große Töpfe.

dunkelblau mit violetten Streifen. Sehr ähnlich ist *I. tricolor* (siehe auch Seite 52) mit Sorten wie 'Himmelblau' und hell- bis violettblauen Blütentrichtern, die zum Zentrum hin Weiß und Gelb werden – daher der botanische Artname, der übersetzt „dreifarbig" bedeutet. Alle drei erreichen Höhen von bis zu 3 m, wenn man sie ab Februar im Haus vorkultiviert oder ab Ende April direkt ins Freie sät. Starkwüchsig und blühfreudig zugleich ist auch die Schwarzäugige Susanne (*Thunbergia alata*). Ihre je nach Sorte weißen, gelben oder orangefarbenen Blütentrichter färben sich zum Zentrum hin tiefschwarz. Die Dritte im Bunde ist die Kapuzinerkresse (*Tropaeolum majus,* siehe auch Seite 125). Vorsicht bei der Sortenwahl: Die meisten Sorten werden kaum 30 cm hoch. Über 2 m können 'Lobbianum' oder 'Prairiesun' sowie die mehrjährige, Wärme liebende Art *Tropaeolum peregrinum* mit lustigen gelben Fransenblüten erreichen.

Blütenexotik durch Schlinger und Ranker

Wenn Sie weniger Wert auf dicht begrünte Wände, als vielmehr auf **ungewöhnliche Blüten** legen, sei Ihnen die schlingende Kardinals- oder Sternwinde (*Ipomoea quamoclit*, früher: *Quamoclit/Mina lobata*) empfohlen, deren Blütenstände aus einer Reihe waagerecht abstehender Blütenschiffchen in den Farben Rot, Gelb und Weiß bestehen. Ein ebensolcher Hingucker ist der ebenfalls bis zu 3 m Höhe erreichende Rosenkelch (*Rhodochiton atrosanguineus*). Die eigentlichen Blüten sind tiefviolett, ja fast schwarz gefärbt und sitzen in rosafarbenen Kelchen, die wochenlang halten. Zwar wohlbekannt, aber dennoch exotisch sind die Blüten der Duft-Wicke (*Lathyrus odoratus*). Und das nicht nur wegen ihres intensiven Dufts, sondern auch wegen der Form ihrer vielfarbigen Schmetterlingsblüten. Achten Sie auf möglichst hochwüchsige Mischungen wie 'Waved Mixed' oder die Serie 'Royal' mit roten, blauen, weißen, rosa- und lachsfarbenen Sorten, die 150 bis 200 cm erreichen können. Mischungen wie 'Patio Mix' bleiben 30 cm klein und buschig. Weniger besonders prächtig, als vielmehr besonders interessant präsentieren sich die röhrenförmigen Blüten der Prachtranke (*Eccremocarpus scaber*), die bei kühler Überwinterung mehrjährig gezogen werden kann. Jede einzelne Blüte ist nur 2 bis 3 cm lang, doch gruppieren sich ein Dutzend und mehr von ihnen in leuchtendem Rot und Orange zu auffälligen Blütenständen.

Früchte tragende Kletterkünstler für eine Saison

Kürbis- und Melonenpflanzen wachsen an Klettergerüsten empor, wenn man sie entsprechend leitet. So sorgen Sie für Sichtschutz und eine kleine, aber feine Ernte.

Neben blüten- und blattgeschmückten Kletterwänden erfreut man sich auch an einer Ernte interessanter Früchte auf Balkon & Terrasse. Probieren Sie zum Beispiel mal den Flaschenkürbis (*Lagenaria siceraria*) aus. Seine bauchigen Früchte tragen lange Hälse. Höhlt man das Fruchtfleisch aus und trocknet die Schalen, kann man aus ihnen Rasseln und andere Musikinstrumente herstellen oder sie zur Dekoration einsetzen. Die aufgeblasenen, apfelgroßen, grünen Früchte des Ballonweins (*Cardiospermum halicacabum*) lassen sich ebenfalls trocknen und zur Dekoration verwenden. Beide können in dem einzigen Sommer, der ihnen aufgrund der Frostempfindlichkeit zum Wachsen bleibt, bis zu 3 m Höhe erreichen.

Mehrjährige, nicht winterfeste Klettermaxe

Trotz ihre enormen Wuchskraft bleibt bei Einjährigen immer ein Restrisiko, dass sie nicht so schnell vorankommen, wie man sich das wünschen würde. Was bis zum Sommer nicht gewachsen ist, kann bis zum ersten vernichtenden Frost nicht wett gemacht werden. Mehr zuzusetzen haben hier mehrjährige Arten, die man während des Winters ins Haus stellt. Passionsblumen, Drillingsblumen und einige andere (siehe Tabelle Seite 111) starten jedes Frühjahr mit einem Grundgerüst an Zweigen durch. Auch wenn ihre Triebe zuweilen zurücktrocknen, sprießen sie aus dem Wurzelballen ab April kräftig und begründen in Kürze eine Garnitur neuer Zweige. Für die genannten Arten ist ein heller Platz bei 5 bis 15 °C im Winter, ein sonniger Platz im Sommer ideal. Triebe, die nicht von alleine Halt an den Kletterhilfen finden, werden herangeleitet und mit gepolsterten Pflanzendrähten fixiert.

„Saisonarbeiter" unter den Kletterpflanzen

Name	Blütenfarbe/-zeit	Höhe
Duft-Wicke (*Lathyrus odoratus*)	divers	1,5 bis 2 m
Feuer-Bohne (*Phaseolus coccineus*)	rot, VI-VII	3 bis 4 m
Glockenrebe (*Cobaea scandens*)	gelb-violett, VII-VIII	1,5 bis 2 m
Helmbohne (*Lablab purpureus*)	violett, VIII	3 bis 4 m
Hopfen (*Humulus japonicus*)	grün, VII	4 bis 6 m
Kapuzinerkresse (*Tropaeolum majus*)	orange, gelb, V-IX	1,5 bis 2 m
Maurandie (*Maurandya barclaiana*)	rosa, VI-X	2 bis 3 m
Prunkwinde (*Ipomoea purpurea*)	violett-rotblau, V-IX	1,5 bis 2 m
Rosenkelch (*Rhodochiton atrosanguineus*)	tiefrot-rosa, VI-VIII	1 bis 1,5 m
Schwarzäugige Susanne (*Thunbergia alata*)	gelb, weiß, orange	2 bis 3 m
Sternwinde (*Ipomoea quamoclit*)	rot-gelb-weiß	2 bis 3 m

Winterfester Kletterspaß das ganze Jahr

Attraktiver als grünes Efeu sind buntlaubige Efeu-Arten, deren Blätter weiß-grün oder gelb-grün gescheckt oder gerandet sind (Panaschierung).

Noch leichter haben Sie es mit frostharten Kletterpflanzen, die ganzjährig im Freien bleiben können. Berücksichtigen Sie jedoch, dass in Pflanzgefäße der Frost viel schneller und tiefer eindringt als in den gewachsenen Erdboden. Arten, die im Garten absolut winterfest sind, können als Kübelpflanzen bei strengem Dauerfrost Schaden nehmen. Dabei handelt es sich bei immergrünen Arten wie Efeu (*Hedera helix*), Kletterspindel (*Euonymus fortunei* var. *radicans*) oder Jelängerjelieber (*Lonicera henryi*) weniger um einen Kälteschaden, als vielmehr um Trockenheit. Der Zusammenhang: Trifft die Wintersonne auf immergrüne Blätter, beginnen diese rasch Wasser zu verdunsten. Ist der Boden zeitgleich gefroren, können die Wurzeln kein Wasser nachliefern. In der Folge trocknen die Blätter langsam aus. Wässern Sie diese Pflanzen deshalb an frostfreien Tagen reichlich, wenn die natürlichen Niederschläge nicht ausreichen, damit sie ihre Vorräte auffüllen können. Bei Waldreben (*Clematis*), Trompetenblumen (*Campsis*), Kletterrosen (Climber/Rambler, siehe Seite 97) oder Wein (*Vitis vinifera*), die sich sehr gut für die Kübelkultur eignen, stellt sich das Problem nicht, da sie im Winter laublos sind. Dennoch kann auch ihnen die Wintersonne schaden, wenn sie morgens auf die unterkühlten Triebe trifft: Die Rinde reißt, der Saftfluss in der Pflanze stoppt. Deshalb schattiert man die Zweige, indem man dachziegelartig Reisig von Fichten oder anderen Nadelgehölzen in die Kletterhilfen einhängt. Die Töpfe schützt man vor Bodenkälte, indem man sie auf Steine stellt und damit eine isolierende Luftschicht schafft. Bei empfindlicheren Arten wie Waldreben-Sorten oder Trompetenblume umhüllt man die Töpfe zusätzlich mit Noppenfolie.

Verwenden Sie auf dem Balkon weder Knöterich (*Fallopia baldschuanica*) noch Blauregen (*Wisteria*) oder Baumwürger (*Celastrus*): Sie sind zu starkwüchsig.

Mehrjährige, nicht winterfeste Klettermaxe

Name	Blt.farbe/-zeit	Überwinterung
Blauglöckchen (*Sollya heterophylla*) blau, V-VIII		10 bis 15 °C
Drillingsblume (*Bougainvillea glabra*)	violett, V-IX	5 bis 15 °C
Dipladenie (*Mandevilla sanderi*)	rosa, weiß, V-IX	10 bis 15 °C
Goldkelchwein (*Solandra maxima*)	gelb	5 bis 15 °C
Jasmin (*Jasminum officinalis*)	weiß, VI-VIII	0 bis 10 °C
Kletternder Nachtschatten (*Solanum jasminoides*)	weiß, V-VIII	5 bis 15 °C
Korallenwein (*Kennedia rubicunda*)	rot, VII-IX	5 bis 15 °C
Passionsblume (*Passiflora*)	divers, VI-VIII	5 bis 15 °C
Perlenpflanze (*Dalechampia spathulata*)	violett, VI-VIII	5 bis 15 °C
Sternjasmin (*Trachelospermum jasminoides*)	weiß, VI-VII	0 bis 10 °C
Trompetenwein (*Podranea ricasoliana*)	rosa, VIII-X	0 bis 10 °C
Wonga-Wonga-Wein (*Pandorea jasminoides*)	rosa, VII-IX	5 bis 15 °C

Minis, Bonsai und Topiaries: immer in Bestform

Topiaries sind immer top

In Europa fröhnt man in den Park-anlagen seit jeher der Schönheit der exakten Form bei Eibe, Buchs & Co. „Topiaries" stammt aus dem Englischen und wird hierzu-lande mit dem Begriff „Form-schnittpflanzen" umschrieben. Neben geometrischen Formen wie Kugeln, Kegeln oder Spiralen sind vor allem Tierfiguren wie Bären, Tauben, Delphine oder Schwäne beliebt. Da es lange dauert, bis die Pflanzen in Kultur herangewachsen sind und das anfängliche Anbinden sowie der häufige Schnitt sehr arbeitsinten-siv sind, haben die Schmuckstü-cke ihren Preis. Wer Geduld und Zeit mitbringt, kann sich aus Drahtgeflechten die Gerüste selbst zurechtbiegen und über die anfänglich kleinen Kronen stülpen. Die Triebe sollen die Drahtfiguren möglichst dicht ausfüllen. Deshalb ist ein regel-mäßiger Schnitt von Anfang an unabdingbar. Von dem, was zuwächst, werden immer wieder zwei Drittel eingekürzt. Wie oft Sie das tun, hängt von Ihrem Ord-nungssinn ab: Je akkurater die Formen sein sollen, umso häufi-ger müssen Sie schneiden. Stören ein paar herausragende Zweige nicht, lässt sich die Schnitthäu-figkeit auf zwei- bis dreimal pro Jahr reduzieren. Für den Balkon-gärtner haben die akkuraten For-men den Vorteil, dass sie in der Höhe und Breite nicht ausufern, sondern in einem überschauba-ren Rahmen bleiben.

Zu schnellen Ergebnissen führen dagegen Kletterpflanzen wie Efeu (*Hedera*). Die langen Triebe umranken die dargebotenen Drahtgestelle sehr schnell, müs-sen aber später umso häufiger

Landschaft auf Balkonien: Bonsaipflanzen in der Schale.

Buchs ist mit seinen feinen Blättern für jede Form geeignet.

Von Natur aus klein

Wer sich nicht die Mühe machen möchte, natürlicherweise haushohe Baumarten durch spezielle Kulturtechniken klein zu halten, kann auf Arten zurückgreifen, die „von Haus aus" klein bleiben. Hierzu zählen Koniferen, die auf ihre Kleinwüchsigkeit hin gezüchtet wurden. Die Auswahl ist reichhaltig. Betrachten Sie jedoch bei der Entscheidung die Höhenangaben kritisch. Da Nadelgehölze sehr langsam wachsen, erreichen viele in den ersten zehn Lebensjahren kaum nennenswerte Höhen. Dann aber machen viele einen Wachstumsschub durch und können in wenigen Jahren schließlich doch Höhen von 3 bis 4 m erreichen – für eine Kübelkultur deutlich zu hoch.

Schöne Stammhalter

Ein weitere Alternative für Freunde des Formschönen sind Hochstämmchen. Sie lassen sich aus verschiedenen Blütenpflanzen ziehen, die ein holziges Zweiggerüst haben. Um ein Hochstämmchen zu erziehen, braucht man eine Jungpflanze mit geradem Mitteltrieb. Er wird zunächst bis zur anvisierten, späteren Stammhöhe nach oben getrieben. Dazu werden alle Seitenzweige entlang des Stammes entfernt. Nur an der Stammspitze bleiben wenige Zweige und Blätter erhalten, damit die Pflanze wachsen kann. Ist die gewünschte Stammhöhe erreicht, fördert man die Bildung einer kompakten, blütenreichen Krone, indem man ihre Zweige immer wieder einkürzt. An einjährigen Zweigen sitzende Blüten, die dabei verloren gehen, entwickeln sich rasch neu.

durchgepflegt werden, damit die Figuren nicht überwachsen und unkenntlich werden.

Bonsai haben Tradition

In Asien wird die Kunst der kleinen Bäume seit Jahrtausenden gepflegt. Hierzulande beschränkt sie sich bislang auf einen Liebhaberkreis. Schließlich erfordert die Pflege der Bonsai viel Aufmerksamkeit und Zeit. Mehrmals im Jahr muss man die Triebe entspitzen und gegebenenfalls zu große Blätter entfernen. Die Drähte, mit denen die Zweige in die gewünschte Form und Richtung gebogen werden, müssen bei Bedarf gelockert und rechtzeitig entfernt werden, bevor sie in die Rinde einschneiden. Und auch das Gießen erfordert regelmäßige Aufmerksamkeit, da die flachen Pflanzschalen rasch austrocknen.

Die zuteil gewordene Pflege belohnen die Kleinode mit markanten Individuen, die kleine Wälder oder Landschaften formen, aus gebirgsartig angeordneten Steinen herauszuwachsen scheinen oder vom Wind zersaust in eine Richtung streben. Wichtig ist, dass Sie beim Kauf wissen, um welche Pflanzenart es sich bei Ihrem Bonsai handelt. Frostempfindliche Arten wie Birkenfeige oder Myrte müssen im Winter dementsprechend ins Haus, winterfeste Pflanzen wie Birke, Eiche oder Ahorn möchten ganzjährig draußen bleiben, da sie den jahreszeitlichen Wechsel benötigen. Um sie vor Frösten zu schützen, kann man mehrere von ihnen in Holzkisten zusammenstellen, diese mit Luftpolsterfolie auskleiden und mit Stroh auffüllen, sobald die Kronen im Herbst ihre Blätter abgeworfen haben.

Genießen mit allen Sinnen

Nicht nur Ihren Augen sollte der Balkon- oder Terrassengarten schmeicheln, sondern auch Ihrem Gaumen. Für frische Kräuter, ungewöhnliches Gemüse oder exotisches Obst ist überall Platz. Selbst, wenn die Ernten nicht so reich ausfallen wie im Garten, macht es Spaß, den kleinen Köstlichkeiten beim Wachsen zuzusehen. Hier gilt: Gemüse und Obst aus eigener Ernte schmeckt einfach immer am besten!

Der *klassische Kräutergarten* im Topf

Ein tolles Essen steht und fällt nicht mit einem guten Rezept allein, sondern mit der Qualität der Zutaten. Je frischer sie sind, umso besser schmecken die Gerichte. Wer da nur auf die Terrasse oder den Balkon gehen muss, um frischen Schnittlauch, würzige Oregano-Blätter oder Petersilie zum Garnieren ernten zu können, wird im Handumdrehen zum Meisterkoch der Familie.

Kräuter in ihrer schönsten Form

Betrachten Sie dabei Klassiker wie Schnittlauch oder Petersilie nicht als reine Nutzpflanzen, die in Plastiktöpfen ihr Dasein fristen. Setzen Sie die Kräuter gleich nach dem Kauf in dekorative Gefäße Ihrer Wahl um. Ob Ton, Terrakotta oder Keramik spielt dabei zunächst keine Rolle: Ihr Geschmack entscheidet. Dimensionieren Sie die neuen Gefäße nicht zu klein. Haben die Wurzeln genügend Platz, bilden sie dementsprechend mehr Triebe – und Sie können mehr ernten. Beliebt sind amphorenförmige Kräutertöpfe mit seitlichen Pflanzschalen. Da diese jedoch sehr klein sind und nur wenig Erde fassen, müssen Sie hier im Sommer sorgfältig gießen oder Trockenkünstler wie den Mauerpfeffer (*Sedum*, Seite 125) mit seinen scharf schmeckenden Blättern oder Thymian (*Thymus*, Seite 119) in unterschiedlichen Sorten verwenden.

Blatt, Blüte, Samen – was wird geerntet?

Kultiviert man mehr Exemplare einer Kräuterart, als Sie für die Ernte tatsächlich brauchen, können Sie zum Beispiel Schnittlauch unbeerntet und zur Blüte kommen lassen – seine rosafarbenen Blütenkugeln sind hübsch anzusehen. Thymian (*Thymus*) ist in Blüte ein Kleinod, blühender Dill (*Anethum graveolens*) mit 120 cm Höhe stattlich. Sein feines Laub, das man für Fischgerichte schätzt, macht ihn zum filigranen Gast im Topfgarten. Generell sind Blüten im Kräutergarten jedoch nicht gern gesehen. Denn bei vielen verändert sich der Geschmack der Blätter, wenn die Kräuter zu blühen beginnen. Sie werden zu herb und bitter oder einfach zu hart und „zäh". Das gilt zum Beispiel für Kerbel (*Anthriscus cerefolium*), Estragon (*Artemisia dracunculus*) oder Berg-Bohnenkraut (*Satureja montana*).

Mmh, das duftet gut. Und schmecken tut's auch.

Schnell gemacht: Bauen Sie sich mit Ziegelsteinen und einem alten Speichenrad ein Kräuter-Rondell.

Lässt man die schönen Blüten der Jungfer im Grünen (*Nigella*, S. 93) stehen, bilden sie Samen, die intensiv nach Waldmeister schmecken.

Anders ist es mit Samenkräutern, deren Saatgut als Gewürz dient: bei ihnen sind Blüten zwingend erforderlich für eine reiche Samenernte. Hierzu zählen Koriander (*Coriandrum sativum*) oder Anis (*Pimpinella anisum*), der viel Wärme braucht und deshalb in geschützten Terrassengärten oft weit besser gedeiht als im Gartenbeet. Bei beiden können Sie während des Sommers die Blätter ernten, die bereits das typische Aroma in sich tragen. Die Samen der rund einen Meter hohen Süßdolde (*Myrrhis odorata*) schmecken am besten, wenn man sie vor dem Ausreifen in noch grünem, weichem Zustand erntet: Dann besitzen sie das typische Lakritz-Aroma.

Das Besondere am Einfachen

Auch wenn sie jedem bekannt sind, bieten klassische Kräuter einiges zum Entdecken. Wer zum Beispiel Misserfolge mit der recht empfindlichen **Petersilie** erlebt hat, sollte die Sorte 'Green River' probieren, die weitaus besser mit Temperaturschwankungen zurecht kommt und kaum von Blattläusen befallen wird.

Wem gewöhnlicher **Schnittlauch** zu langweilig ist, kann es mit der Etagen-Zwiebel (*Allium cepa* var. *proliferum*) probieren. Ihre jungen Blätter haben einen sehr würzigen Lauchgeschmack und bilden an den Stängeln Brutzwiebeln aus. Diese wachsen rasch zu eigenständigen Pflanzen heran, wenn man sie in Erde setzt – ein

Fenchel (*Foeniculum vulgare*) oder Liebstöckel (*Levisticum officinale*) sind mit 2 m Höhe für den Topfgarten leider zu groß.

besonderer Spaß für Kinder. Der Englische Winter-Lauch (*Allium perutile*) blüht nicht und kann deshalb bis weit in den Spätherbst hinein beerntet werden. Bär-Lauch (*Allium ursinum*) liegt mit seinem intensiven Doppel-Aroma aus Knoblauch und Zwiebel derzeit voll im Trend. Wer keine Gelegenheit findet, seine Blätter frisch aus dem Wald zu ernten, kann sie in Töpfen ziehen. Achtung: Die Zwiebel-blumen ziehen im Mai ein und lassen ihre Blätter welken, was vielfach als „Absterben" fehlinterpretiert wird. Wer ganzjährig Blätter mit Zwiebel-Knoblauch-Aroma ernten will, setzt den Kap-Knoblauch (*Tulbaghia violacea*), der im Winter ins Haus muss. Gleiches gilt für den Chinesischen Lauch (*Allium odorum*), der deutlich größere Blätter mit intensiverem Aroma als herkömmlicher Schnittlauch hat.

Kennen Sie **Studentenblumen** (*Tagetes*, Seite 61) nur als streng riechende Pflanzen? Dann sollten Sie die Gewürz-Tagetes (*Tagetes tenuifolia*) probieren. Das Laub von Sorten wie 'Orange Gem' oder 'Lemon Gem' schmeckt zitrusartig, die Lakritz-Tagetes (*T. filifolia*) namensgemäß nach Lakritze.

Lavendel ist nicht gleich Lavendel. Es gibt Unterschiede in der Blütenfarbe wie bei der weißen Sorte 'Alba' oder der rosablühenden 'Rosea', ebenso variierende Wuchs-formen: Während die Art rund 50 cm Höhe erreicht, bleiben Sorten wie 'Hidcote Blue' oder 'Blue Cushion' deutlich niedriger und kompakter. Vor allem in Frankreich sind viele Sorten selektiert worden, die noch reicher an ätherischen Ölen sind als die Art. Hierzu zählen beispielsweise 'Abrialis', 'Julien' oder 'Félibre' (*Lavandula × intermedia*). Wunderschöne, weich behaarte Blüten und helle, silbrige Blätter mit beinahe süßem Aroma zeichnen den Wolligen Lavendel (*Lavandula lanata*) aus. Die silberweißen Blätter des Französischen Lavendels (*L. dentata*) sind

Klassiker in neuen Sorten

1 Rosmarin
(*Rosmarinus officinalis*)

Pflanze: Die langlebigen Halbsträu-cher, die gut 2 m hoch werden können, wachsen von Natur aus auf-recht. Daneben gibt es jedoch krie-chende Formen wie 'Santa Barbara' oder 'Boule', deren Triebe zum Teil über die Gefäßränder herabhängen, zum Teil aufrecht wachsen.
Standort: Volle Sonne ist Pflicht.
Pflege im Sommer: Die Erde sollte gut durchlässig und „steinreich" sein, damit sie nach Regenfällen gut abtrocknen kann. Trockenheit wird zwar toleriert, von Topfpflanzen aber nicht sonderlich geschätzt: sie bedeutet Stress und kann zu Blattfle-cken führen. Schneiden Sie die Immergrünen nach der Blüte zurück.
Pflege im Winter: Rosmarin ist nicht zuverlässig winterhart (−10 °C) und überwintert besser frostfrei.
Gesundheit: Keine Schädlinge.

Zitronen-Thymian passt in jeden Schuh.

gebuchtet, so dass kleine „Zähnchen" den Blattrand bilden. Im Gegensatz zu den zuvor genannten Lavendelarten ist letzterer nicht frostfest und kann den Winter nicht im Freien verbringen.

Majoran und Oregano als Pflanzen auseinanderzuhalten, ist nicht ganz einfach, zumal beide zur gleichen Pflanzengattung (*Origanum*) gehören. Der Geschmack offenbart den feinen Unterschied – und den gibt es in beiden Fällen in reicher Auswahl. Sie können bei Kräuter-Spezialisten (siehe Bezugsquellen) probieren zwischen Kreta-Majoran (*O. dictamnus*) oder Syrischem Majoran (*O. maru*). Beim Oregano können Sie beispielsweise wählen aus: Griechischem Oregano (*O. heracleoticum*), Syrischem (*O. syriacum*) oder Türkischem Oregano (*O. tythantum*). Die genannten Arten sind alle zuverlässig winterhart. Die Wuchshöhe liegt bei 30 bis 60 cm, nur die beiden syrischen Vertreter erreichen rund 100 cm und brauchen etwas Stützhilfe.

Ernten und aufbewahren

Kräuter sind nicht nur frisch ein Genuss. Getrocknet bieten die Blätter sommergrüner Arten auch im Winter einen aromatischen Vorrat. Feinlaubige, dünnblättrige Gewürzkräuter wie Liebstöckel oder Pimpinelle eignen sich dabei weniger als

---

2 Basilikum
(Ocimum basilicum)

Pflanze: Die Blätter der einjährigen Kräuter sind unverzichtbare Bestandteile italienischer Tomatensalate. Neben den grünlaubigen sind rotlaubige Sorten wie 'Purple Delight', 'Dark Opal' oder 'Rubin' beliebt. Kompakt und kleinblättrig wachsen Sorten des Busch-Basilikum wie 'Spicy Globe'. Das Laub des Zitronen-Basilikum (*Ocimum americanum*) schmeckt süß und nach Zitrone – eine exotische Eis-Beigabe.
Standort: Wählen Sie warme, windgeschützte Plätze, die für Schnecken unerreichbar sind. Kein kalter Regen.
Pflege im Sommer: Halten Sie die Erde stets leicht feucht, aber nicht nass.
Pflege im Winter: Die Aussaat beginnt jährlich neu ab März bei 20 °C. Saatgut nicht mit Erde abdecken, da die Samen Lichtkeimer sind.
Gesundheit: Wurzelschäden bei Kälte.

3 Minze
(Mentha-Arten)

Pflanze: Minze breitet sich mit ihren Wurzelausläufern im Garten rasch aus. Da bietet die Kultur in Töpfen einen großen Vorteil. Neben den klassischen Pfefferminzen (*Mentha × piperita, M. spicata, M. longifolia*) gibt es viele Sorten mit weniger Menthol, dafür aber mit fruchtig-aromatischem Beigeschmack entsprechend ihres Namens, z.B. Orangen-, Grapefruit- und Bananen-Minze, Lavendel- oder Ingwer-Minze.
Pflege im Sommer: Sie alle brauchen reichlich Wasser. Die Erde sollte nicht austrocknen. Düngen Sie monatlich.
Pflege im Winter: Minze ist zuverlässig frosthart. Die Triebe sterben wie für Stauden typisch im Winter ab und sprießen im Frühling neu. Zu große Pflanzen mit verfilzten Wurzeln teilt man im März.
Gesundheit: Selten Blattläuse.

4 Thymian
(Thymus)

Pflanze: Neben dem herb-würzigen Geschmack des Garten-Thymians (*Thymus vulgaris*) sind die Sorten des Zitronen-Thymians (*Thymus × citriodorus*, s. Foto oben) ein Augen- wie Gaumenschmaus. 'Variagatus' hat weiß-grüne Blätter, 'Aureus' gelb-bunte, 'Golden Dwarf' duftet besonders intensiv nach Zitrone. Auch Orangen-Thymian (*Thymus fragrantissimus*) hat ein fruchtiges Aroma für Süßspeisen.
Standort: Wichtig ist gut durchlässige Pflanzerde, die zu einem Drittel aus Kies, Splitt, Lavagrus, Blähton-Bruch oder grobem Sand bestehen sollte. Je mehr Sonne, umso besser.
Pflege im Sommer: In Maßen gießen. Düngen Sie monatlich.
Pflege im Winter: Regengeschützt überwintern die Polster im Freien.
Gesundheit: Keine Schädlinge.

Schneiden Sie Kräuter, die Sie trocknen möchten, zwischen 10 und 11 Uhr vormittags. Dann sind sie am gehaltvollsten.

Kräuter mit etwas derberen Blättern, etwa Pfefferminze, Zitronenmelisse oder auch kleinblättrige Vertreter wie Thymian oder Rosmarin. Damit sie während des Konservierens möglichst wenig ihrer ätherischen Öle verlieren, sollte man sie sehr schonend trocknen. Dazu ist ein schattiger, regenfreier Platz mit guter Lufzirkulation ideal, zum Beispiel unter einem Dachvorsprung. Danach sollten Sie die Kräuter lichtgeschützt aufbewahren. Durchsichtige Gewürzgläser sind zwar dekorativ, mindern aber die Haltbarkeit beziehungsweise das Aroma der Kräuter. Die trockenen Blätter und Blüten von Lavendel oder Rosmarin werden gerne in Stoffsäckchen eingenäht, damit sie ihren Wohlgeruch in Wäschschränken oder im Badewasser entfalten.

Frischen Schnittlauch müssen Sie nicht auf Vorrat lagern. Sie können ihn ganzjährig ernten, wenn Sie die Töpfe im Herbst für einen Zeitraum von zwei Monaten im Freien austrocknen lassen, damit die Halme braun werden. Im November topft man den Wurzelballen dann frisch um und stellt den Topf ins Zimmer auf eine helle Fensterbank. Durch langsam zunehmendes Gießen regt man das Sprießen an und kann während des Winters laufend frische Halme zum Würzen ernten.

Aromatische Blüten sind überall willkommen

Jasmin aromatisiert Tees.

Myrten würzen Speisen.

Düfte beeinflussen wesentlich unsere Stimmung, auch wenn wir es gar nicht bewusst wahrnehmen. Herbe Gerüche beruhigen und entspannen, süße wecken die Fantasie und laden zum Träumen ein. Während viele der eben vorgestellten Gewürzkräuter der ersten Kategorie zuzuordnen sind, schlagen andere Topfgäste traumhafte Noten an.

Die verschiedenen, weiß blühenden Arten des **Jasmin** (z.B. *Jasminum sambac, J. azoricum, J. nitidum*) werden in den Tee-Anbaugebieten dieser Welt zum Aromatisieren von Schwarzem Tee verwendet. Dazu werden die sich gerade öffnenden Blütenknospen mit den bereits getrockneten und fermentierten Teeblättern vermischt. Da die Blüten braun werden, sobald sie ihre ätherischen Öle an die Teeblätter abgegeben haben, selektiert man sie bei hochwertigen Tees am nächsten Tag wieder aus.

Myrten (*Myrtus communis*) sind nicht nur Pflanzen mit hohem Symbolcharakter, sondern auch vielfältig einsetzbar. Die Blätter können mit ihrem unverwechselbaren Aroma in Suppen oder Soßen mitgekocht werden. Vor dem Servieren nimmt man sie jedoch heraus, da sie zu derb sind. Alternativ trocknet man sie und gibt sie gemahlen in geringen Portionen den Gerichten bei. Mit den ebenfalls aromatischen Blüten können Sie Salate bereichern oder Obstplatten dekorieren.

Zitruspflanzen (*Citrus*, Seite 143) sind wahre Multitalente, die nicht nur in ihren Fruchtschalen und Blättern reichlich ätherische Öle tragen, sondern auch in den weißen Blüten. Pflücken Sie non Pflanzen, die überreich blühen und gar nicht so viele Früchte ernähren können, wie sie ansetzen würden, einige Blüten ab. Diese Duftwunder können Sie in Schalen füllen und in Nasennähe aufstellen. Wenn Sie keine zuckersüße Zitronenlimonade mögen, sollten Sie einige Blüten in ein Glas Mineralwasser geben. Das feine Zitrus-Aroma wird Sie überzeugen!

Nicht zuletzt sind es natürlich die **Rosen** im Topf, deren duftende Sorten zu allerlei kulinarischen Genüssen verleiten. Rosenwasser können Sie selbst herstellen, wenn Sie reichlich Blütenblätter mit heißem Wasser übergießen und hochprozentigen Alkohol zur Konservierung dazugeben. Anschließend filtern Sie den Sud ab und füllen ihn in luftdichte Karaffen. Wenn Sie einzelne Blütenblätter erst in Wasser, dann in Zucker tupfen, dekorieren Sie Torten und Kuchen auf edle Art.

Dufte: **Duft-Geranien**

Sie blühen nicht so reich und auffällig wie ihre Schwestern (*Pelargonium*-Hybriden, Seite 46f.) und doch sind Duft-Geranien von ungeheurer Anziehungskraft. Das Aroma ihrer Blätter ist ebenso intensiv wie ungewöhnlich. Sie finden Duftnoten von Apfel bis Zimt, die nicht nur wohltuend für die Nase sind. Fein geschnitten verfeinern die rauen Blätter Süßspeisen oder Salate. Sogar Tees oder Bowle kann man aus ihnen brauen – mit exotischem Ergebnis. Überraschen Sie Ihre Gäste doch einmal damit!

Dieser frische Pfefferminz-Duft!

Keinerlei Star-Allüren

Trotz – oder gerade wegen? – ihrer Duftstoffe sind Geranien schädlingsfrei, ja sie können sogar Insekten von anderen Pflanzen fernhalten. Der Wasserbedarf ist eher gering, doch sollte die Erde nicht austrocknen: Eine leichte Grundfeuchte ist ideal. Den Winter verbringen die frostempfindlichen Südafrikanerinnen im Haus, wobei sie auch Dauerwärme tolerieren.

Alles Geranie: bunt und würzig.

Die ungewöhnlichsten Duftnoten

Name	Duftnote	Pflanze
P. 'Torento'	Coca-Cola	kompakt, bis zu 80 cm hoch, ganzrandiges Laub
P. capitatum 'Attar of Roses'	Rose	starkwüchsig, Höhe über 70 cm, großblättrig
P. capitatum 'Purple Unique'	Zitrone	starkwüchsig, Höhe über 1 m, ausladend
P. citrosum 'Prince of Oranges'	Orange	kleinblättrig, kompakt
P. crispum 'Queen of Lemons'	Zitrone	kompakt, wenig eingeschnittene Blätter
P. fragrans	Muskatnuss	kleinblättrig, bis zu 40 cm hoch
P. graveolens 'Lady Plymouth'	Minze und Rose	kompakt, weiß-grüne Blätter
P. graveolens 'Rober's Lemon Rose'	Rose	starkwüchsig, Höhe über 1 m
P. odoratissimum	Apfel	kompakt, rundblättrig
P. quercifolium 'Royal Oak'	Harz	bis zu 50 cm, Blätter eichenähnlich
P. tomentosum	Pfefferminze	großblättrig, kompakt, bis 80 cm groß

Ob Zitronenstrauch, Aloe oder Salat-Chrysantheme: Probieren Sie mal was Neues aus!

Exotische Kräuter und Nutzpflanzen

Die Welt wird immer kleiner, je einfacher wir über weite Entfernungen dank moderner Techniken mit anderen Menschen kommunizieren können. Die Eindrücke aus fremden Ländern beeinflussen unser Leben in allen Bereichen, auch in der Küche. Neben mediterranen Gerichten stehen heute asiatische oder indische Rezepte auf der Speisekarte. Um sie möglichst originalgetreu zubereiten zu können, sind frische Zutaten ein Muss, die man aber oft nicht im Geschäft um die Ecke kaufen kann. Da hilft nur eines: Bauen Sie die Zutaten im Topfgarten selbst an.

Kräuter aus anderen Kulturen

Nordamerika: Das Mariengras (*Hierochloe odorata*) ist in seiner nordamerikanischen Heimat bei den Indianer-Stämmen ein uralte Nutzpflanze. Die intensiv nach Waldmeister duftenden Blätter werden zum Räuchern verwendet, können aber ebenso Süßspeisen verfeinern, wenn man sie klein schneidet. Die rund 50 cm hohen Gräser sind winterhart und können ganzjährig im Freien bleiben.

Mittelamerika: Unter anderem in Mexiko zu Hause sind die Duftnesseln (*Agastache*), die mit dem Duft ihrer Blüten nicht nur Schmetterlinge in Scharen anlocken. Ihre Blätter haben ein intensives Aroma, das sie gerne an Tees oder Speisen weitergeben. Sie können wählen zwischen Anis-Geschmack (*Agastache anisata*,

A. mexicana) oder frischem Minze-Aroma (*Agastache rugosa*). Die mehrjährigen, frostfesten Kräuter können über 1 m Höhe erreichen.

Japan: Wer Sushi mag, hat die Blätter der Perilla (*Perilla frutescens*), die in Japan den Namen „shiso" tragen, bestimmt schon mal gegessen, vielleicht ohne es zu wissen. Die grünen oder intensiv violett gefärbten Blätter haben ein kümmelartiges Aroma. Die kleinen Samen, die bei uns wegen der sehr späten Blüte nicht immer ausreifen, werden dementsprechend wie Kümmel eingesetzt. Da sie einjährig sind, zieht man die gut hüfthohen Pflanzen jährlich aus Samen neu heran. Ebenfalls für Sushi eingesetzt wird der Japanische Wasserpfeffer (*Polygonum hydropiper* 'Fastigiatum'), dessen Blätter pfeffrig-scharf schmecken. Die einjährigen Pflanzen lieben ständig feuchte Erde und werden gut 1 m hoch.

Südostasien: Ursprünglich auf den Philippinen zu Hause ist der Patchouli (*Pogostemon cablin*). Der süßliche Geruch seiner Blätter wirkt wie ein „Glücksmacher". Er entwickelt sich sehr intensiv, sobald Sie die weich behaarten Oberflächen nur leicht berühren. Er gibt Duftpotpourries in Schalen ein unverwechselbares Aroma, das schon in den 1970er-Jahren sehr beliebt war.

Südafrika: Dass Geranien wahre Multitalente sind, haben wir inzwischen mehrfach bewiesen (siehe Seiten 46f. und 121). Hinzu kommt, dass einige Arten sogar Heilkräfte besitzen. Die Wurzeln der Kapland-Geranie (*Pelargonium sidoides*) werden seit Jahrzehnten in der Pharmazie als Mittel gegen Erkältungskrankheiten und Entzündungen der Atemwege eingesetzt. Entdeckt hat das Heilkraut ein englischer Adeliger, der an Tuberkulose litt. In Südafrika ließ er sich von einem Medizinmann über Monate mit einem Pflanzensud behandeln. Wieder geheilt, nahm der Engländer die Wurzeln der bis dahin in Europa unbekannten Heilpflanze mit und führte sie als Medikament unter dem Namen „Umckaloabo" ein.

Europa: Aus dem Mittelmeerraum stammt der Ysop (*Hysoppus officinalis*), der auf den ersten Blick an Lavendel erinnert. Er trägt stark aromatische Blätter, die man wohl dosiert zum Würzen von Salaten, Soßen und für Kräuterquark verwendet. Die bis zu 60 cm hohen Halbsträucher tragen im Hochsommer ihre attraktiven, violettblauen Blütenrispen. Sie locken mit Duft und Farbe in Scharen Bienen, Hummeln und Schmetterlinge an. Ysop ist robust und kann im Winter im Freien bleiben.

Gewürz-Tagetes, Zitronengras und Perilla bereichern die moderne Kräuterküche.

Salbei in allen Variationen

Damit Salbei schön dicht bleibt, sollte man ihn jährlich nach der Blüte stutzen.

Salbei (*Salvia*) ist Ihnen sicher bekannt. Was also hat er in einem Kapitel mit Exoten zu suchen? Ganz einfach: Es gibt eine unendliche Fülle interessanter Arten und Sorten, von denen wir Ihnen neben dem Ananas-Salbei (siehe unten) weitere vorstellen möchten. Die Blätter von Zitronen- und Honigmelonen-Salbei (Varietäten von *Salvia elegans*) sowie Guaven-Salbei (*S. darcyi*) duften so, wie ihr Name verspricht. Das Laub des rund 30 cm hohen Räucher-Salbeis (*S. repens* var. *repens*) und des Indianischen Räucher-Salbeis (*S. apiana*, 180 cm) werden verräuchert, um ihm sein würziges Aroma zu entlocken. Chinesischer Salbei (*S. miltiorrhiza*), Azteken-Salbei (*S. divinorum*) und Afrikanischer Strauch-Salbei (*S. auretia*) enthalten medizinisch wirksame Substanzen und werden für Heilzwecke eingesetzt. Die vorgestellten Arten sind allesamt nicht sicher winterfest und müssen an einem hellen Platz bei 3 bis 15 °C überwintern.

Tee aus eigener Ernte

Ein Teegenuss der etwas anderen Art ist es, wenn mann Teepflanzen im Sommer im Freien, im Winter im Haus kultiviert. Sowohl Schwarzer als auch Grüner Tee werden aus einer Kamelien-Art (*Camellia sinensis*) gewonnen. Die Blätter des Australischen Teebaums (*Melaleuca alternifolia*) ergeben nicht nur einen erfrischend schmeckenden, sondern auch überaus gesunden Tee. Wer selbst einmal Mate-Tee ernten möchte, braucht die Stechpalmen-Art *Ilex paraguayensis*. Ihre ledrigen, glänzend grünen Blätter enthalten ähnliche Mengen Coffein wie Kaffee und wirken sehr anregend.

Besonderheiten unter den Gewürzen

1 Ananas-Salbei
(*Salvia* 'Pineapple Scarlet')

Pflanze: Der Mensch hätte künstliche Aromastoffe gar nicht erfinden müssen. Die Natur bietet alle Duftnoten, die man sich vorstellen kann. Intensiver als jede Ananas riechen die rauen Blätter dieser mannshoch wachsenden, frostempfindlichen Salbei-Art, die sich im Spätsommer mit roten Blüten schmückt.
Standort: Ein teilsonniger Platz ist ideal. Volle Sonne oder Plätze mit stauender Hitze sind möglich, erfordern aber reichliches Gießen.
Pflege im Sommer: Lassen Sie die Erde möglichst nicht austrocknen, sonst verkahlen die Pflanzen von unten. Regelmäßiges Stutzen fördert die eher zögerliche Verzweigung.
Pflege im Winter: Ein heller Raum mit 10 bis 15 °C ist ideal.
Gesundheit: Blattläuse sind möglich, aber nicht besonders häufig.

2 Pfeffer
(*Piper*)

Pflanze: Wenn Sie jemanden dorthin wünschen, wo der Pfeffer wächst, bescheren Sie ihm einen herrlichen Urlaub an der Indischen Küste. Leichter als der sehr wärmebedürftige Schwarze Pfeffer (*Piper nigrum*) ist hierzulande der Betel-Pfeffer (*P. betle*) zu kultivieren, dessen Blätter klein geschnitten in geringen Dosen als appetitanregendes Gewürz dienen, ebenso die Blätter des Mexikanischen Blattpfeffers (*P. auritum*), die gerne Fischgerichte würzen.
Standort: Warm muss es sein. Vermeiden Sie Zug und Bodenkälte. Halbschatten ist ideal.
Pflege im Sommer: Je starkwüchsiger die Pfeffer-Art, umso mehr Wasser wird benötigt.
Pflege im Winter: Die Kletterpflanzen wünschen es hell bei über 15 °C.
Gesundheit: Schädlinge sind selten.

Für die feine Küche: Blüten zum Essen

Veilchenblüten (*Viola odorata*) duften nicht nur verführerisch, sondern sehen mit ihrer violettblauen Farbe auch attraktiv aus. Sie geben ihr Parfüm auch gerne an Süßspeisen vom Pudding bis zur Torte ab. Ebenso lassen sie sich kandieren, da die Blütenblätter schön fest und der Duft intensiv ist. Kristallisiert der Zucker auf den Blüten, sehen sie wie mit Raureif überzogen aus.

Kapuzinerkresse (*Tropaeolum majus*) schmeckt, wie sie heißt: kresseartig scharf. Ihre kräftig orange, gelb oder rot gefärbten Blüten werden gerne zum Garnieren von Salaten verwendet. Mit Frischkäse gefüllt sind sie eine Leckerei. Zupft man die geschlossenen Blütenknospen ab und legt sie in Salzlake ein, sind sie ein würziger Kapern-Ersatz.

Der einjährige **Borretsch** (*Borago officinalis*) bietet Ihnen entweder himmelblaue oder weiße Blüten (Sorte 'Alba'), die wie die Blätter gurkenähnlich schmecken. Sie werden vor allem zu hellblättrigen Salaten gerne gereicht, um ihnen mehr Farbe zu verleihen. Doch auch kalte Buffet-Platten lassen sich damit hübsch verzieren.

Die großen Blüten der **Taglilien** (*Hemerocallis*) und **Lilien** (*Lilium*) sind ebenfalls essbar. Auf dem Teller mitserviert, werden Ihre Gäste von der exotischen Wirkung begeistert sein. Die langlebigen, frostfesten Taglilien gedeihen in Pflanzgefäßen bestens, wenn man sie etwa alle drei Jahre teilt und dadurch verjüngt. Lilien sind Zwiebelpflanzen, die eine gute Portion Frost vertragen und im Freien mit etwas Winterschutz überwintern können. Langstielige Sorten werden gestäbt, damit sie nicht umknicken. Wenn sie nicht gegessen, sondern nur zur Dekoration verwendet werden sollen, sind natürlich noch hunderte weiterer Blüten zum Garnieren geeignet. Probieren Sie nach Herzenslust aus, was Balkon & Terrasse hergeben.

Sollten Sie auch dann bunte Blüten haben wollen, wenn auf dem Balkon gerade nichts blüht, hilft die Tiefkühltruhe weiter. Legen Sie die Blüten locker in Eiswürfel-Schalen, die Sie mit frischem Wasser auffüllen. Im Tiefkühlfach gefriert das Wasser zu Eis und bewahrt die Form und Farbe der Blüten bis zur Ihrer Verwendung: echt „cool" auch mitten im Winter!

Laub und Blüten der Kapuzinerkresse sind „echt scharf".

3 Mauerpfeffer
(*Sedum*)

Pflanze: Diese auch als „Fetthenne" bekannten Polsterpflanzen brauchen nicht viel Platz. Kleine, flache Schalen genügen, da die frostfesten Europäer in ihren verdickten Blättern das Notwendige selbst speichern. Der Geschmack von *Sedum acre* ist säuerlich bis scharf und wird für Salate und Soßen genutzt. *Sedum reflexum* ist milder im Aroma.

Pflege im Sommer: Gießen Sie erst im Hochsommer mehr. Solange es in den Übergangsjahreszeiten kühl ist, brauchen die immergrünen Stauden, die man auch im Winter beernten kann, kaum etwas. Düngen brauchen Sie im Grunde gar nicht.

Pflege im Winter: An einem regengeschützten Platz überdauern die Dickblattgewächse den Winter problemlos im Freien.

Gesundheit: Keinerlei Schädlinge.

4 Currykraut
(*Helichrysum italicum*)

Pflanze: Mit ihrem silberfarbenen, nadelartigen Laub fallen diese mehrjährigen Sträucher sofort auf. Auch die dottergelben Blütendolden im Sommer sind Hingucker. Das Curry-Aroma der Blätter ist intensiv. Sie würzen klein geschnitten Reis- oder Fleischgerichte. Alternativ kocht man die Triebspitzen mit und nimmt sie vor dem Servieren heraus.

Standort: Volle Sonne kommt den mediterranen Kräutern gerade recht.

Pflege im Sommer: Der Wasserbedarf hält sich in Grenzen. Trockenheit wird vertragen. Achten Sie auf durchlässige Pflanzerde. Gedüngt wird monatlich. Schneiden Sie die Triebe nach der Blüte zurück.

Pflege im Winter: Mit einer Isolierung der Töpfe überwintern die Sträucher im Freien.

Gesundheit: Keine Anfälligkeiten.

Süß, süßer, Süßkraut

Eine Entdeckung der letzten Jahre mit Tendenz zur Trendpflanze ist das Süßblatt (*Stevia rebaudiana*), auch Süßkraut, Honigblatt oder Zuckerpflanze genannt. Wie schon der Name verrät, besitzen die Blätter eine hohe Süßkraft, wesentlich stärker als Zucker. Für Diabetiker eine echte Alternative zum Süßstoff. Die Süßwirkung geht auf den Gehalt an Steviosid zurück. Die mehrjährigen, aber frostempfindlichen Pflanzen werden rund 50 cm hoch.

Wer gerne mal richtig „Süßholz raspeln" möchte, muss sich die 150 cm hohe, frostfeste Staude *Glycyrrhiza glabra* zulegen, deren mit Zuckerstoffen angereicherte Wurzeln man jedoch erst nach einigen Jahren ernten kann.

Eine weitere Möglichkeit, an Natursüße zu gelangen, ist die Zuckerwurzel (*Sium sisarum*), bei der es sich um eine chinesische Staude handelt. Die weißen, verdickten Wurzeln schmecken süßlich und werden gekocht verspeist.

Gesundheit kommt von innen

Seit der Jahrtausenwende boomt die Nachfrage nach einer Pflanzengattung, die lange Zeit kaum jemanden interessiert hat: Aloe. Seit Jahrhunderten ist die reinigende und heilende Wirkung ihres geleeartigen Blattsafts bekannt und in der Kosmetik-Industrie in Cremes und Lotions für strapazierte Haut etabliert. In den letzten Jahren wird der Saft aber als Allheilmittel für vieles angepriesen, sogar als Therapie gegen Krebs. Unbestritten ist die Wirkung des Pflanzensafts bei der Wund-

Das Zitronengras schmeckt erfrischend.

Zitronenduft, der nicht von Zitrus kommt

1 **Zitronengras**
(*Cymbopogon citratus*)

Pflanze: In Südostasien und Indien käme man ohne die zitrusfrische Würze dieser Halme gar nicht mehr aus. Die kälteempfindlichen Gräser wachsen zu dichten Horsten mit 60 bis 100 cm Höhe heran (s. Foto oben).
Standort: Wenn Sie die Töpfe ab Anfang Juni ins Freie stellen, sollte der Platz windgeschützt und sonnig sein. Eine wärmende Südwand ist ideal.
Pflege im Sommer: Die Erde sollte nicht austrocknen. Düngen Sie wöchentlich: Gesunde Pflanzen wachsen zügig heran und brauchen angesichts der laufenden Ernte Nachschub an Nährstoffen.
Pflege im Winter: Eine Überwinterung kann bei 5 bis 10 °C erfolgen, wobei die Erde weitgehend trocken sein muss. Sonst in ein warmes Zimmer stellen. Luftfeuchte hoch halten.
Gesundheit: Probleme bei Bodenkälte.

2 **Zitronenstrauch**
(*Aloysia triphylla*)

Pflanze: Wer süß-frische Zitrusdüfte liebt, sollte gleich mehrere dieser langlebigen, südamerikanischen Halbsträucher haben. Der intensive Duft entströmt den Blättern, sobald man sie leicht berührt. Ein Tee daraus ist vorzüglich!
Standort: Sonnige Plätze sind ebenso gut wie halbschattige.
Pflege im Sommer: Der Wasserbedarf ist recht hoch. Gedüngt wird 14-tägig. Ernten Sie häufig und regelmäßig: Das Entspitzen der Triebe fördert die Verzweigung, die von Natur aus nicht allzu üppig ist. Der Blattgeschmack wird durch die Juli-Blüten nicht beeinträchtigt.
Pflege im Winter: Etwas Frost wird vertragen, eine frostfreie Überwinterung ist jedoch die sichere Alternative zu einem Freilandplatz im Topf.
Gesundheit: Im Frühjahr Blattläuse.

Tierische Abwehr auf pflanzliche Art

Stechmücken können einem die Sommerabende weit mehr vermiesen als Kälte oder aufziehende Gewitter. Trotzdem möchte man sich nicht allabendlich mit Insektenschutzmitteln einreiben, um draußen sitzen zu können. Gefragt sind deshalb natürliche Abwehrmittel. Durch Fernsehberichte und zahllose Veröffentlichungen in den Zeitungen und Zeitschriften hat der **„Moskito Shocker"** eine große Bekanntheit erreicht. Ebenfalls eine abwehrende Wirkung erzielen **Eukalyptus-Bäume** in Töpfen (z.B. *Eucalyptus gunnii, E. globulus*), die man in Sitzplatznähe aufstellt. Sie können nicht alle Mücken fernhalten, doch sie reduzieren den Anflug. Eukalyptus-Bäume brauchen sehr viel Wasser: Gießen Sie reichlich, sonst fällt das Laub. In Mittelamerika wird nach Erfahrungen des Kräuter-Experten Daniel Rühlemann eine **Duftnessel** zur Mückenabwehr eingesetzt: *Agastache cana*, die rund 80 cm hoch wird. Ebenfalls als Abwehrmittel gelten herbe Zitrusgerüche der **Thymian-Arten** (*Thymus*, Seite 119).

Wenn jedes Frühjahr Heerscharen von Blattläusen Ihren Balkon heimsuchen, kann der **Harfenstrauch** (*Plectranthus coleoides*) helfen. Sein weihrauchartiger Geruch ist Insekten offenbar unangenehm und sie meiden seine Umgebung.

Wer Ärger mit Katzenbesuch auf der Terrasse hat, sollte zunächst auf Katzen-Magneten wie Katzenminze (*Nepeta × faassenii*) verzichten. Zur Katzenabwehr hat die **„Verpiss-Dich-Pflanze"** (*Solenostemon canin*) in den letzten Jahren einen wahren Boom erlebt. Diese Verwandte der Buntnesseln riecht streng und wehrt damit Katzen ab. Man nimmt an, dass der Geruch den Duftmarken von Katern ähnelt und den Samtpfoten signalisiert: Hier ist das Revier bereits besetzt! Von unseren weit weniger feinfühligen menschlichen Nasen wird der Geruch nur schwach und als nicht störend wahrgenommen. Mit einer Pflanze allein halten Sie Nachbars Katze(n) jedoch nicht fern. Pro laufendem Terrassenmeter sollten Sie eine Pflanze vorsehen.

„Verpiss-Dich-Pflanze".

heilung der Haut. Hat man sich eine kleine Schürfwunde zugezogen, tupft man etwas Saft darauf und der Heilungsprozess beschleunigt sich. Die geernteten Blätter können im Kühlschrank aufbewahrt und immer wieder frisch angeschnitten werden. Die Pflanzenverwandtschaft der Aloe ist groß. Als Nutzpflanzen im beschriebenen Sinne werden häufig *Aloe vera* und *A. arborescens* verwendet. Letztere bildet mit den Jahren einen Stamm, die Blätter sind mit mehr oder weniger weichen Dornen besetzt. *Aloe vera*, die auch unter dem botanisch nicht mehr korrekten Namen *Aloe barbadendsis* mit dem Zusatz „Miller" für ihren Entdecker geführt wird, wächst stammlos in immer dichteren Horsten. Sie hat keine Stacheln. Beide vertragen keinen Frost und werden im Haus überwintert.

Als Tee zubereitet, wird Brahmi (*Bacopa monnieri*) in der Ayurveda-Medizin zur Nervenberuhigung (z.B. bei Angstzuständen) eingesetzt. Genutzt wird der Saft der Blätter. Die niedrigen Braunwurzgewächse brauchen eine stets feuchte Erde.

Als Aphrodisiakum sind die Blätter der Damiana (*Turnera diffusa*) verwendbar, Dieser kleine Strauch mit gelben Blüten wächst in Mittelamerika. Die kleinen Blättchen werden als Tee überbrüht und der Sud getrunken.

Sie sehen: Es gibt unendlich viele Möglichkeiten, Unbekanntes zu probieren und Neues zu testen – auch im noch so kleinen Terrassengarten!

Auberginen, Tomaten, Paprika & Pepperoni bieten im Topfgarten eine kleine, aber feine Ernte.

Gemüse und Knollen für Probierfreudige

Haben Sie heute mal keine Lust auf Tomaten oder essen Sie gerne mal eine andere Knolle als Kartoffeln? Dann bietet Ihnen der Balkon- und Terrassengarten ein kleines, aber feines Probierfeld, um Ihren Speiseplan zu bereichern.

Gemüse der etwas anderen Art

Bohnen sind nicht nur in Gestalt der Feuer-Bohnen (*Phaseolus coccinea*, Seite 109) absolut balkontaugliche Kübelgäste. Auch andere Arten hangeln sich gerne an Obelisken aus Metall oder Bambusstäben empor, um im Spätsommer kuriose Früchte zu präsentieren. Die **Kuhbohne** (*Vigna unguiculata*) trägt in ihren Schoten weiße Bohnen, die einen schwarzen Fleck haben, der wie ein Auge wirkt (siehe Seite 133).

Schwammgurken (*Luffa aegyptica*) sind essbar, solange sie jung sind. Werden ihre Früchte älter, trocknet man sie. Entfernt man die Haut, bleibt ein schwammartiges Gewebenetz zurück, das industriell zu Badeschwämmen und anderen Produkten verarbeitet wird. Die Pflanzen lieben warme, sonnige Plätze und werden zwischen Anfang und Mitte Mai direkt ins Freie gesät.

Zucchini wachsen nicht nur im Garten, sondern auch in großen Töpfen. Probieren Sie als Besonderheit die rundfüchtige 'Rondini' oder die gelbfrüchtige 'Gold Rush': Sie tragen auch als Kübelpflanzen gute Ernten.

Artischocken (*Cynara scolymus*) bieten in Gestalt ihrer butterzarten Blütenböden echte Delikatessen. Da sie zu den Distelgewächsen zählen, sind sie ausgesprochen bizarre Kübelgäste, die auch als Zierpflanzen gerne in modernen, mediterranen Terrassengestaltungen eingesetzt werden. Die langlebigen Pflanzen sind sicher winterfest und können ganzjährig im Freien an einem vollsonnigen Platz bleiben.

Auch **Cardy** (*Cynara cardunculus*) ist eine pflegleichte Kübelpflanze. Statt auf die Blüten dieses Distelgewächses hat man es bei ihm auf die Blattstiele abgesehen. Ab Ende August bleicht man diese, indem man sie mit Pappe oder Folie umhüllt. So werden die Stiele zart und mild.

Chrysanthemen haben Sie bereits auf der Seite 99 als Zierpflanze kennengelernt. Neu ist Ihnen aber vielleicht, dass es eine einjährige **Salat-Chrysantheme** (*Chrysanthemum coronarium*) gibt, deren Blätter man wie Spinat dünstet oder für gemischte Salate verwendet. Das eingeschnittene Laub wird vor der Blüte geerntet, da es später zu bitter schmeckt.

Die **Flügel- oder Spargelerbse** (*Tetragonolobus purpureus*) ist für Kinder wie Erwachsene eine willkommene Abwechslung auf dem Teller. Hier handelt es sich nicht um eine Erbse, sondern um einen Klee-Verwandten, dessen vierkantige Hülsen an der Rändern flügelartige Ausbuchtungen haben. Erntet man die Hülsen, solange sie grün und nicht länger als 5 cm sind, schmecken sie zart wie Spargel und werden ebenso zubereitet. Aussaat: zwischen Mitte April und Mitte Mai.

Ihr ähnlich ist die **Flügelbohne** (*Psophocarpus tetragonolobus*) mit bis zu 20 cm langen Hülsen. Sie stellt höhere Temperaturansprüche und bringt nur an geschützten Plätzen wie in Innenhöfen oder auf überdachten Terrassen eine sichere Ernte.

Interessantes für den Eigenanbau

1 Ginseng
(Panax ginseng)

Pflanze: Die Wurzeln dieser mehrjährigen Stauden sind in der chinesischen Traditionsmedizin von großer Bedeutung. Für uns klingt es sehr exotisch, wenn jemand sie hierzulande anbaut. Dabei ist es ganz einfach: Die Pflanzen sind mehrjährig und zuverlässig frostfest!

Pflege im Sommer: Die Erde sollte nicht austrocknen, aber auch nicht dauernass sein, damit die Wurzeln nicht faulen. Kurios: Sie können wie menschliche Körper geformt sein. Verwenden Sie möglichst tiefe Pflanzgefäße (z.B. Rosentöpfe), damit die Wurzeln Platz haben, sich naturgemäß zu entwickeln.

Pflege im Winter: Stellen Sie die Töpfe im Freien regengeschützt auf und legen Sie Holzlatten unter.

Gesundheit: In der Regel treten keine Schädlinge auf.

2 Süßkartoffel
(Ipomoea batatas)

Pflanze: Süßkartoffeln mit ihrer auffälligen, roten Schale werden in Geschäften, die asiatische Lebensmittel führen, ganzjährig angeboten. Pflanzt man sie zur Hälfte der Knollendicke in erdgefüllte Töpfe, sprießen sie und bilden Tochterknollen, die Sie im Herbst ernten können.

Standort: Sonnig und warm.

Pflege im Sommer: Die Triebe haben keine Standfestigkeit und müssen wie bei einer Kletterpflanze an Stäben aufgebunden werden. Aufgrund ihres rasanten Wachstums brauchen die mehrjährigen Pflanzen reichlich Wasser und jede Woche Nährstoffe.

Pflege im Winter: Von anhaftender Erde gesäuberte Knollen lagern dunkel und kühl wie Kartoffeln, bis man sie im Frühling erneut einsetzt.

Gesundheit: Spinnmilben bei zu trockener Luft und stauender Hitze.

Wurzeln und Knollen dieser Welt

Bei uns sind es Kartoffeln, die in allerlei Formen von Pürree bis Pommes frites den Speiseplan bestimmen. In anderen Ländern zählen andere Knollen zu den Hauptnahrungsmitteln. Und viele davon können auch Sie anbauen:

Die stark duftenden, zweijährigen Nachtkerzen (*Oenothera biennis*) öffnen ihre gelben Blütenschalen während des Sommers am Abend. Im Herbst können Sie ihre bis zu 20 cm langen, möhrendicken Wurzeln ernten.

Taro-Knollen sind die Wurzeln eines Staude, die man ihrer großen Blätter wegen auch „Elefantenohr" nennt (*Colocasia esculenta*). Die Blätter und Stängel sind mit einem violetten Schimmer überzogen und können Mannshöhe erreichen. Im Sommer brauchen sie einen schattigen, windgeschützten Platz im Freien, im Winter einen hellen, luftfeuchten Standort in dauerwarmen Zimmern.

Wer **Erdmandeln** (*Cyperus esculentus*) ernten möchte, muss die weintraubengroßen Wurzelknollen der kniehohen Grasart ernten. Sie schmecken nuss- bis mandelartig, daher der Name. Den Sommer verbringen die in aller Welt beheimateten Stauden gerne bei viel Feuchtigkeit im Freien, den Winter frostfrei und hell.

Topinambur (Helianthus tuberosus) bilden stärkereiche Knollen aus, die man nicht nur als Gemüse, sondern auch zur Schnapsbrennerei verwendet. Außerdem zeigen diese Sonnenblumen-Verwandten auch schöne Blüten. Da die Triebe der frostharten, langlebigen Stauden mannshoch werden können, braucht man für sie geräumige Pflanzgefäße und Stützringe, damit sie bei Wind nicht umknicken. Ein Platz nahe des Balkongeländers zum Anlehnen ist günstig.

Ingwer-Wurzeln verfeinern mit ihrem süßlich-scharfen Geschmack asiatische Speisen sowie Tee. Kaufen Sie frische Ingwer-Wurzeln und setzen Sie sie in die Erde. Sie treiben bestimmt aus, sofern man frische Wurzeln verwendet und einige Monate Geduld aufbringt.

Leckere (Frucht-)Gemüse aus aller Welt

1

Baumtomate, Tamarillo
(Cyphomandra betacea)

Pflanze: Der Name deutet es schon an: Die mehrjährigen Halbsträucher wachsen schnell und sehr kräftig. Nur regelmäßiger Schnitt hält sie dauerhaft auf Mannshöhe und fördert die Verzweigung, die von Natur aus spärlich ist. Die weißlichen, wachsartig dicken Blüten duften sehr intensiv. Der Geschmack der Früchte, die man auch Tamarillos nennt, ist eine ungewöhnliche Mischung aus fruchtiger Frische und dem etwas herben Beigeschmack von Tomaten.
Pflege im Sommer: Die Erde sollte nicht austrocknen. Wöchentlich düngen.
Pflege im Winter: 3 bis 12 °C Temperatur genügen. Je dunkler der Platz, umso mehr Laubfall.
Gesundheit: Schutz vor Schneckenfraß muss sein, sonst bleibt kaum eines der rauen Blätter verschont.

Tomaten: Liebesäpfel in liebenswerten Sorten

Tomaten haben auf den ersten Blick so gar nichts Besonderes an sich. Schließlich werden sie in jedem Supermarkt angeboten. Doch was man dort bekommt, ist oft geschmacklich und optisch kein Vergleich mit dem, was Sie selbst anbauen können.

Für den Balkongärtner besonders zu empfehlen sind die **Cherry- oder Cocktail-Tomaten**. Die Pflanzen bleiben vergleichsweise klein und kompakt. Die Fruchttrauben von Cherry-Sorten wie 'Dolce Vita', 'Conchita', 'Sweet Million' oder 'Allissia' können gut 50 cm Länge erreichen. Sie tragen an die 100 Früchte mit 1,5 bis 2 cm Durchmesser, die knackig und aromatisch schmecken. Der eingedeutschte Name für die Cherries ist „Kirschtomate". 'Minibel' bleibt mit kaum 50 cm Höhe geradezu zwergenwüchsig. Cocktail-Tomaten wie 'Picolino' oder die gelbfrüchtige 'Goldino' werden mit 4 bis 5 cm Durchmesser bereits deutlich größer, sind aber ebenso aromatisch. Wer den intensiven Geschmack einer Cocktail-Tomate, aber größere Früchte wünscht, sollte es mit der Sorte 'Maranello' probieren.

Ungewöhnliche Farben und Formen können die Salatplatte bereichern. Wenn Sie mal Lust auf **orangefarbene Tomaten** haben, sollten Sie ab März die Sorte 'Bolzano' im Haus vorziehen. Sollen es **gelbe Tomaten** sein, sei Ihnen 'Locarno' empfohlen. 'Yellow Pearshaped' ist nicht nur gelb, sondern auch noch **birnenförmig**, was den Früchten ein sehr eigenwilliges Aussehen gibt. Die Früchte von 'Conqueror' sind **pflaumenförmig** und sehr geschmacksintensiv, diejenigen von 'Corianne' oder 'Caspar' **flaschenförmig** bis länglich und eignen sich mit bis zu 25 cm Länge besonders gut zum Füllen.

Da Tomaten im Garten wie unter Glas und im Balkongarten anfällig für Pilzerkrankungen sind, sollten Sie neben der Fruchtqualität auf die Gesundheit der jeweiligen Sorte achten. Als resistent gegen die gefürchtete Kraut- und Braunfäule gilt die Sorte 'Vitella', eine rundfrüchtige Stabtomate, sowie die Fleischtomate 'Myrto'. Oder man veredelt die gewünschte Sorte zur Erhöhung der Krankheitsresistenz auf robuste Wildtomaten. Fertig veredelte Pflanzen können Sie beim Gärtner kaufen.

Kleinfrüchtige Tomaten sorgen auch im Topf für hohe Erträge.

---

2 Eierfrucht
(Solanum melongena)

Pflanze: Neben den bekannten birnenförmigen, violett bis schwarz glänzenden Auberginen gibt es Sorten mit stärker rundem Wuchs und weißer bis gelblicher Schale wie 'Caspar' oder 'Golden Eggs': daher nennt man sie auch Eierfrüchte. Die Ernte setzt Ende Juli ein.

Standort: Da an vollsonnigen Plätzen die Luftfeuchte meist unter den Idealwert sinkt und die Gefahr von Trockenheit steigt, sind teilsonnige Plätze in Ost- oder Westlagen besser.

Pflege im Sommer: Gießen Sie viel und häufig, damit die Erde nicht austrocknet und düngen Sie jede Woche.

Pflege im Winter: Die Saat keimt ab Anfang März bei +20 °C. Jungpflanzen schützt man im Mai mit Vlies vor nächtlicher Kälte.

Gesundheit: Schneckenfraß und Spinnmilben können lästig werden.

3 Okra
(Abelmoschus esculentus)

Pflanze: Wenn diese einjährigen Pflanzen ihre gelben Blüten öffnen, wird die Verwandtschaft mit dem Hibikus offenkundig. Aus ihnen entwickeln sich etwa 10 cm lange, grüne Fruchtschoten, die man in Essig-Salz-Wasser kocht. Der Geschmack ist leicht bitter und sehr kräftig.

Pflege im Sommer: Die hüft- bis brusthohen Pflanzen brauchen reichlich Wasser und viel Wärme. Wählen Sie windgeschützte, von Mauern umgebene Plätze. Von der Blüte bis zur Erntereife vergeht kaum eine Woche. Wartet man zu lange, werden die Schoten hartfaserig. Düngen Sie alle 14 Tage.

Pflege im Winter: Ausgesät wird ab Mitte März bei 20 °C.

Gesundheit: Bei Sommertrockenheit sind Spinnmilben möglich, im Frühling an den Triebspitzen Blattläuse.

4 Kiwano, Hornmelone
(Cucumis metuliferus)

Pflanze: Diese Verwandte der Melonen aus der Familie der Kürbisgewächse stammt ursprünglich aus Afrika, wird aber heute großflächig in Neuseeland angebaut. Die langen Triebe sollten an Klettergerüsten aufgeleitet werden. An warmen Standorten sind die orangefarbenen Melonen mit der spitzenbesetzten Schale Ende August erntereif.

Pflege im Sommer: Der Wasserbedarf ist ebenso hoch wie die Blattmasse. Schneiden Sie die Triebe zwei bis drei Blätter hinter dem letzten Fruchtansatz ab, damit die Kraft der einjährigen Pflanzen in die Fruchtentwicklung fließt.

Pflege im Winter: Die Aussaat erfolgt ab Mitte April, ins Freie dürfen die Jungpflanzen ab Mitte Mai.

Gesundheit: Wehren Sie Blattläuse im Frühling und Spinnmilben ab.

Früchte zum Staunen und Basteln

Bunter Früchtespaß zu Halloween

Lange Zeit als „Arme-Leute-Gemüse" abgetan, ist der Kürbis heute „en vogue". Aber nicht „größer-dicker-schwerer" zählt, sondern die Form und Farbe. So können Sie heute wählen zwischen einer Fülle von Sorten, von denen wir Ihnen einige vorstellen wollen: 'Sweet Dumpling' (10 cm, weiß-grün gestreift und gepunktet), 'Warzen Orange' (10 cm, orange mit warzigen Erhebungen), 'Bicolor Spoon' (15 cm, langhalsig, untere Partie grün, obere gelb, jeweils mit weißen Streifen), 'Nestegg' (8 cm, oval wie Rieseneier, weiß), 'Rolet' (7 cm, kugelrund, tief dunkelgrün bis schwarz) oder 'Kronen Mischung' (10 bis 15 cm, verschiedenfarbig mit Gelb, Weiß, Grün, Orange, mit hornartigen Fortsätzen). Unverzichtbar sind die Kalebassen-Kürbisse (*Lagenaria siceraria*), deren Früchte lange, gebogene Hälse ausbilden. Im Freien zur Dekoration eingesetzt, halten sich die Früchte umso länger, je kühler der Herbst wird. Frost macht die Schalen jedoch weich. Holen Sie die Früchte vorher ins Haus und bereiten Sie das Fruchtfleisch zu leckeren Speisen zu.

Mini-Mais ist einfach riesig

Wahrscheinlich haben einige von Ihnen schon ihre Erfahrung damit gemacht, dass der Mais, der hierzulande felderweise angebaut wird, geschmacklich rein gar nichts mit dem Zucker-Mais (*Zea mays* var. *saccharata*) gemein hat. Hier handelt es sich um Futter-Mais, der mehlig und nicht süß schmeckt. Wer Maiskolben zum Grillen oder Kochen ernten möchte, kann die mannshohen Pflanzen in großzügigen Pflanzgefäßen anbauen. Empfehlenswert sind Sorten wie 'Indira', 'Prelude' oder 'Golda'. Weniger zum Essen als vielmehr zum Betrachten ist der Zier-Mais gedacht. Die Körner der kleinen Kolben enthalten nicht viel Wasser, dafür aber Farbpigmente, die sie neben dem klassischen Gelb schwärzlich, rot oder weiß erscheinen lassen. Eine bekannte Mischung ist 'Harlekin'. Am schönsten sieht es aus, wenn Sie die Hüllblätter nicht abschneiden, sondern als „Schöpfe" mittrocknen. Sowohl Zucker- als auch Zier-Mais brauchen reichlich Wasser und jede Woche Dünger. Die Freilandsaison beginnt ab Mitte Mai.

Paprika & Pepperoni

Da echte Paprika (*Capsicum annuum*) sehr wärmebe-
dürftig ist, fühlt sie sich an einem warmen Platz auf
dem Balkon oftmals wohler als im Gemüsegarten.
Interessant sind gelbschalige, längliche Paprikasor-
ten wie 'Pinokkio' oder 'Purple Flame' in tiefdunklem
Violett ähnlich einer Aubergine, mit süß-mildem
Geschmack. Noch schlanker und länger sind Sorten
wie die rote 'Fireflame' oder die gelbe 'Sunflame'. Ihr
Anbau lohnt allemal, denn zum Würzen braucht man
nur winzige Mengen des feuerscharfen Gemüses. Für
den Balkongarten ideal sind zwergwüchsige Formen
mit kaum 50 cm Höhe und kleinen, aber zahlreichen
Früchten wie die Sorte 'Apache' mit würzig-scharfen
Chili-Schoten. Sie werden an einem schattigen, aber
gut belüfteteten Platz auf Schnüren aufgefädelt
getrocknet.
Zier-Paprika (*Solanum pseudocapsicum*) zählen zur
giftigen Familie der Nachtschattengewächse. Die
Füchte sind nicht essbar, dafür aber sehr dekorativ.
Das Hauptaugenmerk bei der Züchtung liegt auf der
Färbung und Vielzahl der Früchte.

Nicht die dicksten, aber schönsten Bohnen

Für eine ganze Mahlzeit einer vierköpfigen Familie
genügt die Bohnenernte auf dem Balkon meist nicht
– aber für eine Single-Portion allemal. Statt der klassischen grünen Schoten erntet man gerne mal gelbschalige Sorten wie 'Golddukat' oder 'Orinoco'.
Wegen ihres schwarzen Flecks sind die Kuhbohnen
(*Vigna unguiculata*) eine tolle Abwechslung. Damit
die rankenden Triebe standfest sind, häufelt man sie
ab einer Länge/Höhe von 15 cm an. Geerntet werden
die Schoten, wenn sie trocken sind, aber noch bevor
sie aufplatzen. Die darin enthaltenen dicken Bohnen
sind getrocknet sehr lange haltbar. Vor der Zuberei-
tung werden sie in Wasser eingeweicht. Doch auch
ohne kulinarische Absichten sind die Bohnen den
Anbau wert. Wenn Sie außerdem weißfrüchtige Puff-
bohnen (*Vicia faba* 'Dreifache Weiße') und Rote Indi-
anerbohnen (*Phaseolus vulgaris* subsp. *vulgaris*)
anbauen, lassen sich die Früchte in Glasdosen oder
Wandkästen dekorativ aufbewahren.

Obst-Ernte *auf kleinstem Raum*

Wer glaubt, dass man auf einem kleinen Balkon kein Obst ernten kann, hat es noch nie mit Erdbeeren, Beerenobst wie Johannis- und Stachelbeere oder Ballerina-Äpfeln in Kübeln probiert!

Der Siegeszug der Ballerinas

Ein Säulen-Apfel braucht nicht mehr Platz als sein Topf groß ist.

Unter dem Label „Ballerinas" begannen vor rund 15 Jahren extrem schlankwüchsige Obstbäume den Balkon- und Terrassengarten zu erobern. Durch die Veredlung auf extrem schwachwüchsige Unterlagen bilden Apfel-Sorten wie 'Polka' oder 'Bolero' beinahe säulenförmige Kronen aus. Von dem kräftigen Mitteltrieb streben nur kurze Seitenzweige ab, die das Fruchtholz und dieses wiederum die Früchte tragen. Die Ernte ist im Alter vergleichbar mit der von Spindelbäumen, allerdings nur, wenn die Pflege stimmt. In Gefäßen können die Obstbäume nicht auf Reserven im Erdreich zurückgreifen wie große Exemplare in den Obstgärten, wenn es zu trocken ist oder Nährstoffmangel herrscht. Deshalb ist eine konstante Pflege von der Blüte an besonders wichtig. Die Bestäubung übernehmen heimische Insekten. Sind die ersten Fruchtansätze da, darf die Erde nicht mehr austrocknen, sonst purzeln unzählige herab. Wenn aber im Juli die Früchte fallen, ist das ganz normal: Die Bäume werfen dann diejenigen Ansätze ab, die sie ohnehin nicht ernähren könnten. Dünnen Sie zu dicht stehende Fruchtbüschel aus. An jedem Fruchtholz sollte nur ein Apfel ausreifen: Er wird dafür umso größer und geschmackvoller. Viele Früchte bleiben dagegen eher klein und fad im Geschmack.

Erdbeeren sind in aller Munde

Hänge-Erdbeeren sehen witzig aus und faulen nicht.

Die Kultur von Erdbeeren in Töpfen ist nicht nur eine Notlösung. Im Gegenteil: Die Ernte fällt oft sogar reicher aus als im Garten. Hier faulen Früchte, die auf dem Erdboden aufliegen, nach Regenfällen leicht. Tiere knabbern die auffällig roten Leckerbissen an und machen sie ungenießbar. In Pflanzgefäßen aber haben Erdbeerfrüchte die Möglichkeit, über die Ränder herabzuhängen: Hier trocknen sie nach Schauern rasch ab und kommen in vollen Sonnengenuss, da ihnen kein Laub das Licht raubt. Auch wenn sie nicht so viele Früchte auf einmal tragen, sind immertragende Sorten wie 'Ostara', 'Rapella' oder 'Evita' für den Balkongärtner ideal: Zählt man am Jahresende alle geernteten Früchte zusammen, kommt man auf vergleichbare Erntemengen wie die „Hochleistungs-Erdbeeren". Auf den neuen Trend haben die Züchter reagiert und eine „Hänge-Erdbeere" und „Spalier-Erdbeere" selektiert.

Letztere entwickelt sehr lange Ranken, die man an Holzspalieren aufbinden kann. Die mehrmalstragende Sorte ermöglicht eine Ernte mittelgroßer, aromatischer Erdbeeren von Juni bis Ende September. Die „Hänge-Erdbeere" ist eine Selektion mit rund 40 cm langen Ranken, die laufend Blüten tragen und ebenfalls eine Dauerernte von Juni bis Anfang Oktober garantieren: herrlich zum Naschen! Sie wird in Ampeln oder Hanging Baskets (siehe Seite 100ff.) kultiviert.
Mehr Geschmack als den Kultursorten wird den Wald-Erdbeeren mit ihren deutlich kleineren Früchten nachgesagt. Eine Züchtungserfolg mit höheren Ernteerträgen ist 'Alexandria'.
Wer mehr Wert auf eine ansprechende Optik setzt, sollte es mit der rosa blühenden Sorte 'Vivarosa' als Beimischung in Kübeln oder Balkonkästen probieren.

Während die Ballerinas schlank bleiben, mit den Jahren aber durchaus Höhen von 3 m und mehr erreichen können, bleibt spezielles Topf-Obst dauerhaft klein. Auch hier werden ausgesuchte Unterlagen verwendet, die extrem schwachwüchsig sind.

Vorsicht: Bei Apfelbäumchen im Topfformat handelt es sich häufig um Zieräpfel. Deren harte Früchte kann man zwar auch zu Gelees verarbeiten, doch zum Direktverzehr eignen sie sich weniger. Mini-Pfirsichbäume im Topf bieten den großen Vorteil, dass man sie während der kältesten Wochen des Jahres oder vor Beginn der frühen Blütezeit ins Haus holen kann. Pfirsiche und Nektarinen sind nicht hunderprozentig winterhart, vor allem nicht im Topf, wo die Wurzeln dem Frost ausgesetzt sind.

Spalier gestanden

Ebenfalls sehr Platz sparend sind Obstbäume in Töpfen, die als Spalier erzogen sind. Das heißt, dass wenige Äste in symmetrischer Anordnung streng formiert an einem Gerüst aus Bambusstäben oder Holzlatten angebunden sind. Man unterscheidet verschiedene Formen wie den „Kordon". Hier gibt es keinen Mitteltrieb, sondern es werden mehrere Seitenzweige senkrecht und parallel zueinander aufgeleitet, um das Astgerüst für Apfel-, Birn-, Kirsch- oder Pfirsichbäume zu bilden. Beim „Fächer" werden zwei Leitäste im Winkel von 45° schon ab einer Stammhöhe von 30 bis 50 cm abgespreizt und in viele Seitenarme aufgeteilt. Bei der „Pal-

Johannisbeer-Stämmchen brauchen nicht viel Platz.

Ideale Obstgehölze für den Topfgarten

1
Heidelbeeren
(Vaccinium corymbosum)

Pflanze: Heidelbeeren sind klein- und langsamwüchsige, sommergrüne Sträucher, die ab einem Alter von drei bis vier Jahren immer höhere Ernteerträge bringen. Kulturformen wie 'Bluecrop' oder 'Berkeley' sind deutlich großfrüchtiger als die Art.
Standort: Halbschattig bis sonnig.
Pflege im Sommer: Wenn Sie die Pflanzen umtopfen, was nur alle zwei bis drei Jahre nötig ist, sollten Sie Rhododendronerde verwenden und ausschließlich mit Rhododendron- oder Azaleendünger düngen. Auch Kamliendünger sind geeignet. Gießen Sie mit Regenwasser.
Pflege im Winter: Die Pflanzen können ohne weitere Maßnahmen im Freien bleiben.
Gesundheit: Fahle Blätter sind vielfach auf einen zu hohen Kalkgehalt der Erde zurückzuführen.

2
Maibeeren
(Lonicera kamtschatica)

Pflanze: Zu den Neuentdeckungen der letzten Jahre zählen diese 100 bis 150 cm hohen, heidelbeerähnlichen, sicher frostfesten Sträucher. Die Maibeeren sind blau und bereift, aber länglicher als Heidelbeeren und von intensivem Aroma, das man am besten frisch gepflückt genießt. Die Blüte im März ist nicht spätfrostgefährdet. Erhältliche Sorten sind 'Mailon' oder 'Maistar'.
Pflege im Sommer: Die Pflanzen wünschen saure Pflanzerde wie Rhododendron und sollten auch mit Rhododendrondünger etwa zwei Mal im Monat versorgt werden.
Pflege im Winter: Die blattlosen Sträucher brauchen keinen Schutz. Ihre Frosttoleranz wird mit –45 °C angegeben.
Gesundheit: Schädlinge sind kein Thema.

3
Wein
(Vitis vinifera)

Pflanze: Moderne Züchtungen tragen nicht nur im Weinbauklima leckere Trauben, sondern auch in rauen Lagen. Sie haben weniger Probleme mit Mehltaupilzen und anderen Erkrankungen, die altgedienten Winzersorten oft Probleme machen. Statt ihn an Spalieren zu erziehen, kann man Wein auch zu „Schirmen" formen, wenn man ihm ein entsprechendes Drahtgerüst bietet.
Standort: Je besser der Sommer, umso süßer der Wein – das gilt auch für Topftrauben. Meiden Sie stauende Hitze und hohe Luftfeuchte.
Pflege im Sommer: Halten Sie die Erde stets feucht, wobei leichte Trockenheit nicht schadet.
Pflege im Winter: Rückschnitt der Triebe: die einjährigen Seitenzweige tragen die besten Trauben.
Gesundheit: Pilze abwehren.

Wein, Kirsch-Spindelbäumchen und Ballerina-Apfelbäumchen tragen zuverlässig Früchte.

mette" zeigen von einem Mitteltrieb in regelmäßigem Wechsel rechts und links im 15°- bis 30°-Winkel Hauptäste ab, die das Fruchtholz tragen. Auf diese Weise bleiben die Obstbäume „zweidimensional": Sie bilden eine flache Ebene und beanspruchen in der Tiefe keine Fläche. Beim Kauf der Topfbäume ist die Grundform bereits vorgegeben. Das erleichtert Ihnen die spätere Pflege: Was stört, wird im Februar herausgeschnitten oder eingekürzt.

Schöne Stammhalter

Wer mit dem Platz haushalten muss, ist auch mit Stämmchen bestens beraten. Die verschiedenen Sorten des Beerenobsts – Johannis-, Stachel- und Jostabeeren – eignen sich hierfür hervorragend. Zunächst treibt man die Kronen nach oben, indem man entlang des geraden Mitteltriebs alle Seitenzweige entfernt. Sobald der Stamm das gewünschte Maß erreicht hat, lässt man die Kronenbildung zu. So haben Sie Platz, um beispielsweise Erdbeeren oder blühende Sommerblumen zu unterpflanzen. Die Ernte ist einfach: Sie müssen sich nicht bücken, da die Früchte in Pflückhöhe reifen. Da die Stämme bei jungen Pflanzen noch nicht sehr stabil sind, sollte man ihnen einen Stützpflock zur Seite stellen, damit sie von Anfang an gerade Haltung annehmen und bei Sturm nicht knicken.

4 Johannisbeeren
(Ribes rubrum, R. nigrum, R. album)

Pflanze: Sie haben die Wahl zwischen Roten, Schwarzen und Weißen Johannisbeeren, die je nach Sorte im Verlauf des Juni oder Juli reif werden. Eine Kreuzung aus Johannis- und Stachelbeeren sind die Jostabeeren.
Standort: Viel Sonne fördert den Zuckergehalt der säuerlichen Früchte. Heiß sollte es jedoch nicht sein.
Pflege im Sommer: Halten Sie die Erde stets feucht, aber nicht dauernass. Nehmen Sie nach der Ernte ein bis zwei der ältesten Äste ganz heraus, um die Kronen laufend zu verjüngen. Die Zweige tragen nur wenige Jahre reich, dann vergreisen sie.
Pflege im Winter: Eine Überwinterung im Freien ist in der Regel ohne Schutz möglich. Eine Isolierung der Töpfe ist jedoch sicherer.
Gesundheit: In manchen Jahren starker Pilzbefall, sonst aber robust.

5 Himbeeren
(Rubus idaeus)

Pflanze: Für Kinder ist es einfach das Größte, schnell mal eine Himbeere zu naschen. Da die 1,5 bis 2 m langen Ranken bestachelt sind, mit denen sie sich gerne am Balkongeländer festhalten, brauchen sie aber einen Platz in der hintersten Reihe. Gelbfrüchtig ist die Sorte 'Golden Bliss'.
Standort: Die Wurzeln dürfen im Schatten sein, die Triebspitzen aber sollten Sonne pur genießen können.
Pflege im Sommer: Verwenden Sie Pflanzkästen, damit die Ruten in Reihe stehen. Abgeerntete Ruten sogleich bodennah zurückschneiden, um Platz für junge Triebe zu schaffen: sie tragen die nächstjährige Ernte.
Pflege im Winter: Ruten mit angelehnten Bastmatten schattieren und vor starker Auskühlung schützen.
Gesundheit: Achten Sie beim Einkauf auf virusfreie Pflanzen.

6 Kiwi
(Actinidia)

Pflanze: Obwohl die Früchte für uns „exotisch" sind, vertragen sie unser Klima durchaus. Da die Kletterpflanzen pro Jahr jedoch meterlange Triebe bilden, brauchen sie große Gefäße oder man pflanzt sie an den Terrassenrand und lässt sie über eine Pergola ranken. Wer großfrüchtige Sorten (*A. deliciosa*) wie 'Hayward' ernten möchte, braucht eine männliche Sorte wie 'Tomuri' oder 'Matua' zur Bestäubung. 'Jenny' ist selbstfruchtbar, trägt aber wie die Arguta-Kiwis (*A. arguta*) kleinere Früchte. Reifezeit für alle liegt im Oktober.
Standort: Vollsonnig und warm.
Pflege im Sommer: Reichlich gießen und düngen. Triebe im Juli kurz nach dem letzten Fruchtansatz einkürzen.
Pflege im Winter: Töpfe isolieren, Fichtenreisig in die Ranken hängen.
Gesundheit: Robuste Pflanzen.

Südländische Früchte *für Balkonien*

Olivenbäume sind sowohl als Stämmchen als auch in Bonsaiform beliebt.

Die Märkte in südlichen Ländern sind voller Köstlichkeiten, die man gerne auch hierzulande genießen würde. Da viele wie die Kakis (*Diospyros*, Seite 139), Wollmispeln (*Eriobotrya*, Seite 141) oder Feigen (*Ficus carica*, Seite 139) aber weichschalig und sehr druckempfindlich sind, findet man sie im Obsthandel kaum angeboten. Falls man doch einmal fündig geworden ist, liegen die Preise für die Südländer oft weit über tropischen Früchten wie Litschi. Da trifft es sich gut, dass sich viele dieser mediterranen Frucht- und Nutzpflanzen in Töpfen kultivieren lassen. Den Sommer verbringen sie im Freien, den Winter in gerade frostfreien Räumen.

Partnerwahl bei Fruchtgehölzen

Von den heimischen Obstgehölzen wissen Sie, dass einzeln stehende Bäume wenig oder gar keine Früchte ansetzen. Meist befinden sich aber in der Nachbarschaft geeignete Bäume, die mit ihrem Pollen die Befruchtung der Blüten übernehmen und damit den Fruchtansatz sichern. Bei mediterranen Obstgehölzen können Sie jedoch nicht davon ausgehen, dass sie auch in der Nachbarschaft gedeihen. Verwenden Sie daher selbstfruchtbare (= selbstfertile)

Oliven von ganz klein bis ganz groß

Zugegeben: Zum Pressen von Olivenöl oder zum Einlegen der Früchte reicht die Ernte eines Bäumchens nicht aus. Aber darum geht es im Grunde nicht: Olivenbäumchen sind einfach schön anzusehen und bringen Mittelmeer-Flair in unsere Gefilde. Das graue Laub ist uns aus Urlaubsreisen in den Süden gut bekannt: Große Olivenplantagen sind im gesamten Mittelmeerraum verbreitet. Wird dort ein Hain gerodet, verwendet man die Pflanzen vielfach als Kübelpflanzen für die Innenraumbegrünung in riesigen Gefäßen. Um diese Prozedur zu überleben, schnei-

det man die Kronen radikal zurück und gibt ihnen zwei bis drei Jahre Zeit, sich zu regenerieren.
Die meisten Oliven, die hierzulande angeboten werden, sind jedoch meist sehr viel kleiner. Mini-Oliven als Bonsai erfreuen sich großer Beliebtheit, erfordern aber auch etwas Erfahrung beim Schnitt. Olivenbäume sind von Natur aus sehr starkwüchsig. Damit sich ihre Kronen gut verzweigen, muss man sie häufig schneiden, anfangs zwei bis drei Mal im Jahr, bei Bonsai-Oliven bis zu fünf Mal, sonst werden die Zweige lang und dünn. Oliven sind absolute Sonnenanbeter:

Der heißeste Platz ist ihnen gerade gut genug. Leiden sie unter Lichtmangel – zum Beispiel in lichtarmen Winterquartieren -– werfen sie ihre Blätter ab. Das bedeutet jedoch nicht, dass Sie Ihre Olive verlieren. Bekommt sie im Frühling wieder ausreichende Lichtmengen, sprießen neue Blätter. Damit die Kronen dabei von Innen nicht verkahlen, schneidet man blattlose Triebe im März kräftig zurück. Gedüngt werden Oliven nur relativ selten: ein Mal pro Monat genügt. Umtopfen müssen Sie Ihr Olivenbäumchen erst, wenn die Erde gut durchwurzelt ist.

Sorten. Bei ihnen können die Pollen die Narben ihrer eigenen Blüten bestäuben. Bei nicht selbstfruchtbaren (= selbststerilen) Sorten passen die Pollen nicht, weil sie nicht die richtige Form haben oder zum falschen Termin reif sind, und die Blüten können sich nicht gegenseitig bestäuben. Die Natur verhindert auf diese Weise „Inzucht", da ein Fruchtansatz nur mit fremden Pollen möglich ist.

Es treten jedoch immer wieder Pflanzen auf, die durch einen leicht veränderten Blütenbau doch selbstfertil sind: Solche Zufälle der Natur sortieren Obstgärtner aus und entwickeln sie zu Kultursorten weiter. Auf diese Weise gibt es zum Beispiel bei den **Kiwis** (*Actinidia*, Seite 137) die Sorte 'Jenny', die männliche und weibliche Blüten nicht mehr getrennt auf zwei Pflanzen bildet, sondern bei der die Blüten einer Pflanze alle zur Befruchtung nötigen Organe beinhalten.

Bei den **Oliven** gibt es wenige selbstfertile Sorten wie 'Frantoio' oder 'Maiatica di Ferrandina'. Um diese Sorten zu bekommen, müssen Sie auf veredelte Pflanzen achten. Zier-Oliven als Stämmchen oder Mini-Bäumchen sind meist aus Stecklingen oder Samen unbekannter Herkunft herangewachsen. Ob ihre Blüten fruchtbar sein werden, ist Glückssache. Es kann passieren, dass Sie keine Früchte ernten.

Bei **Feigen** hat der jahrhundertelange Anbau durch den Menschen zu einer ganz anderen Veränderung geführt. Wildformen bilden keine Blüten aus, sondern Vorfrüchte, die von bestimmten Gallwespen-Arten besucht werden müssen, um eine Art Befruchtung in Gang zu setzen. Diese Vorfrüchte fallen ab und werden durch die eigentlichen Früchte ersetzt, die dann hunderte der kleinen Samen enthalten. Die Selektion durch den Menschen hat bewirkt, dass heutige Sorten keine Vorfrüchte, sondern gleich Endfrüchte ausbilden und dazu keine Insekten brauchen.

Typisch mediterrane Früchtchen

1 **Feigen**
(Ficus carica)

Pflanze: Mit ihrer grauen Rinde, den großen, immer wieder anders gebuchteten Blättern und ihrem ausladenden Wuchs sind Feigen wirklich markante Erscheinungen. Erhitzt die Sonne ihre Milchsaft führenden Blätter, riechen sie „typisch mediterran". Schon sehr junge Pflanzen setzen Früchte an, steckholzvermehrte Pflanzen ab dem zweiten Jahr.
Standort: Volle Sonne geht genauso wie Halbschatten, wobei die Früchte umso süßer werden, je sonniger es ist.
Pflege im Sommer: Durch die großen Blätter ist der Wasserbedarf hoch. Kurze Trockenheit schadet nicht. Düngen Sie alle 10 bis 14 Tage.
Pflege im Winter: Da die Kronen laublos sind, genügt ein dunkler, aber unter 10 °C kühler Raum.
Gesundheit: Selten Spinnmilben.

2 **Kaki, Dattelpflaume**
(Diospyros kaki)

Pflanze: Die kleinen Bäume bilden schöne, runde Kronen mit frischgrünen Blättern. Auf die gelbgrünen, festen Frühsommerblüten folgen orangefarbene, pfirsichgroße Früchte mit geleeartig mildem Fruchtfleisch. 'Sharon' ist eine geschützte Sorte, die in Europa nicht verbreitet ist. Hierzulande werden vorwiegend italienische Sorten wie 'Tipo', 'Vainiglia' oder 'Hanafuyo' angeboten.
Standort: Vier bis sechs Stunden Sonnenschein pro Tag sind für eine gute Ernte mindestens nötig.
Pflege im Sommer: Gießen Sie ganz normal: die Erde sollte nicht austrocknen, aber auch nicht vernässen. Gedüngt wird wöchentlich.
Pflege im Winter: Die laublosen Kronen können dunkel und frostfrei aufgestellt werden. In Maßen gießen.
Gesundheit: Keine Anfälligkeiten.

Gute Pflege – gute Ernten

Wie bei den winterfesten Obstsorten, die wir Ihnen im vorangehenden Kapitel vorgestellt haben, ist auch bei den „Exoten" eine kontinuierliche Pflege der Garant für gute Ernten. Geraten die Pflanzen durch Trockenheit, Dauernässe, Schädlinge, zu wenig Wärme oder Lichtgenuss in Stress, können die Früchte Schaden nehmen. Ihre Schalen platzen bei unregelmäßiger Wasserversorgung oder dörren bei Trockenheit aus. Junge Bäume mit wenigen Kraftreserven entledigen sich ihrer Fruchtansätze, wenn die nötigen Ressourcen fehlen. Auf jeden Fall leidet am Ende der Geschmack, denn die Früchte lagern weniger Aroma- und Zuckerstoffe ein.

Obstbäume sind im Grunde alle Starkzehrer. Um sowohl ihre Kronen als auch die Früchte versorgen zu können, brauchen Obstgehölze reichlich Nährstoffe. Wenn Sie sich nicht für eine Langzeitdüngung ab März entschieden haben, sollten Sie wöchentlich Flüssigdünger verabreichen. Dabei ist neben dem Stickstoffgehalt für die Blattentwicklung vor allem Kalium wichtig, das die Fruchtentwicklung fördert. Spezielle Dünger für Obstbäume bietet der Fachhandel an, die Sie für exotische Obstsorten ebenso verwenden können wie für heimische. Spätestens nach der Ernte sollten Sie das Düngen jedoch einstellen, damit die Pflanzen nicht mehr weiterwachsen, sondern das vorhandene Kronengerüst kräftigen („abhärten").

Ernten Sie Ihre Früchte im Hochsommer rechtzeitig, sonst höhlen Wespen z.B. Feigen und Wollmispeln von Innen aus, Vögel picken an Nashis und Granatäpfeln.

So machen Sie einen guten Schnitt

Obstbäume fruchten, auch ohne dass man sie schneidet – jedoch nicht ganz so reich. Durch den Schnitt will man die Energie der Pflanzen in die Fruchtbildung und nicht in die Kronenentwicklung lenken. Man entfernt deshalb alles unnötige

Delikatessen aus eigener Ernte

1 Nashi
(Pyrus pyrifolia var. *culti)*

Pflanze: Vom Wuchs her mit den Birnen vergleichbar, sollten Nashis als Kübelpflanzen in Spalierform (siehe Seite 136) erzogen werden. Die im August reifenden Früchte sind goldgelb mit feinem Tupfenmuster und flachrund. Ihr Fleisch ist saftig, sehr aromatisch und kein bisschen mehlig. Der Geschmack ist eine Mischung aus Birne und Melone.
Standort: Ost-, West- oder Südterrassen sind geeignet. Die Obstgehölze sind sehr anspruchslos.
Pflege im Sommer: Halten Sie die Erde stets leicht feucht und düngen Sie 14-tägig mit Obstgehölzdünger. In großzügige Gefäße pflanzen.
Pflege im Winter: Die sicher frostfesten Bäume können im Freien überwintern. Rückschnitt im Februar.
Gesundheit: An den jungen Trieben im Frühling gelegentlich Blattläuse.

2 Maulbeere
(Morus nigra, M. rubra, M. alba)

Pflanze: Schwarze Maulbeerbäume bleiben unter den drei Geschwistern (Weißer, Roter und Schwarzer Maulbeerbaum) die Kleinsten. Regelmäßig geschnitten, können sie am ehesten in Kübeln gehalten werden. Die brombeerähnlichen Früchte schmecken nicht so herb wie diese, sondern süß und mild-erfrischend.
Standort: Sie haben die Wahl zwischen Sonne und Halbschatten.
Pflege im Sommer: Trotz der zahlreichen großen, vielgestaltigen Blätter ist der Wasserverbrauch normal. Entspitzen Sie die Triebe jährlich zwei bis drei Mal, damit die Kronen dicht wachsen. 14-tägig düngen.
Pflege im Winter: Mit Wurzelisolierung im Freien, sonst dunkel und gerade frostfrei (Garagen, Dachböden etc.) in großzügigen Gefäßen.
Gesundheit: Keine Anfälligkeiten.

Holz wie die Wasserschosse, die auf den Astoberseiten entspringen und schnurstracks nach oben wachsen. Sie rauben den Früchte tragenden Zweigen nur Licht und Nährstoffe und bringen längerfristig keinen Erntevorteil. Man entfernt sie, sobald sie auftreten, auch während des Sommers.

Bei sehr starkwüchsigen Pflanzen wie den Oliven kappt man allzu lang werdende Triebe ebenfalls während des Sommers unter Schonung der Fruchtansätze. Dadurch lenkt man die Energie der Bäume in die Fruchtreife anstatt in das Längenwachstum. Ein weiteres Augenmerk gilt dem Fruchtholz. Es sieht bei jedem Gehölz anders aus: mal ist es knorrig verdickt, mal erscheint es wie geringelt oder aber es ist kaum von normalen Ästen zu unterscheiden. Betrachten Sie einfach im Sommer, wenn die Pflanzen Früchte tragen, die Zweigstruktur genau, an denen das Obst hängt. Fruchthölzer bringen nur wenige Jahre gute Erträge, dann vergreisen sie. Deshalb ist es wichtig, laufend für das Nachwachsen junger Fruchttriebe zu sorgen. Dazu entfernt man überaltertes Fruchtholz und macht Platz für nachwachsende Triebe.

Schneiden Sie anfangs die Bäume nach dem Fruchtansatz: Dann können Sie sicher sein, nicht das Falsche zu kappen. Mit zunehmender Erfahrung können Sie die Bäume dann im März schneiden.

Regelmäßig, aber mäßig schneiden

Je regelmäßiger Sie schneiden, umso besser, da Sie dann nur junge, noch dünne Zweige kappen. Warten Sie zu lange, müssen dicke Äste weichen. Sind die Schnittwunden größer als ein 2-Euro-Stück, sollten Sie die Wundränder mit Baumwachs verstreichen, damit sie vor Infektionen geschützt sind.

Insgesamt steht jedoch wie bei den Blütenpflanzen auch bei den Fruchtpflanzen der Zierwert auf Balkon und Terrasse im Vordergrund. Ordnen Sie daher die Frage

---

3 Wollmispel
(Eriobotrya japonica)

Pflanze: Mit ihren tannengrünen, tief gefurchten, gut 20 cm langen Blättern sind diese ostasiatischen Kleinbäume auch als Zierpflanzen geeignet. Die spätsommerlichen Blütenkerzen sind mit einem weißlichen Filz überzogen. Die Früchte sind orangeschalig, pflaumengroß und schmecken angenehm erfrischend nach einer Mischung aus Melone und Mirabelle.
Standort: Halbschattige Standorte sind vollsonnigen vorzuziehen. Hitze ist kein Problem. Wind kann die Blätter einreißen.
Pflege im Sommer: Der Wasserbedarf ist aufgrund der Laubmasse hoch.
Pflege im Winter: Damit die Fruchtansätze über Winter erhalten bleiben, sind für die Immergrünen sehr helle Plätze bei 0 bis 10 °C nötig.
Gesundheit: Rostpilze bei Stress.

4 Granatapfel
(Punica granatum)

Pflanze: Als Zierpflanzen beliebt sind die Zwerg-Granatäpfel der Sorte 'Nana'. Sie blühen sehr reich und bilden viele kleine Früchte. Bei der Fruchtform (*P. granatum* var. *sativa*) ist alles größer: die buschigen Kronen werden meterhoch, die Früchte apfelgroß, die Blätter gut 5 cm lang. Die Blüte ist meist im Juni und Juli.
Standort: Südterrassen sind ideal, Hitze schadet nicht.
Pflege im Sommer: Gießen Sie möglichst gleichmäßig und düngen Sie alle 10 bis 14 Tage.
Pflege im Winter: Da die Früchte bei uns meist nicht bis zum Herbst ausreifen, sollten die laublosen Kronen hell und frostfrei stehen. So bleiben die Fruchtansätze erhalten und können im Folgesommer ausreifen.
Gesundheit: An den Triebspitzen treten des Öfteren Blattläuse auf.

der Ernte-Maximierung durch einen professionellen Schnitt dem Ziel unter, auf formschöne Kronen zu blicken. Kürzen Sie deshalb alles, was zu weit aus den Kronen herausragt, behutsam ein.

Ernte zur richtigen Zeit

Jedes Jahr stellt sich die Frage erneut: Wann ist der richtige Zeitpunkt zum Ernten? Denn nicht jedes Jahr ist der Termin der Gleiche. Er hängt wesentlich von der Witterung und den Temperaturen ab. War der Sommer sonnig und warm, sind Feigen schon im Juli reif, in schlechteren Jahren mit spätem Frühlingsanfang und verregnetem Sommer erst Ende September. Wenn sich die Reife verzögert, sollten Sie fruchtende Kübelpflanzen ins Haus holen, bevor die Nächte kalt oder gar frostig werden. An einem hellen Platz im Haus, zum Beispiel in einem lichten Treppenhaus, haben Sie dann die Chance, vollständig ausgereifte und in schmackhaftem Zustand geerntete Früchte zu genießen.

Die Fruchtreife kündigt sich nicht nur durch die Ausfärbung des Obstes an. Die Schalen werden weich und die Früchte lösen sich schon bei einer leichten Drehung von den Stielen. Pflücken Sie nicht alles auf einmal: Der Geschmack ist am besten, wenn die kleinen Köstlichkeiten bis zur Vollreife an den Zweigen hängen bleiben können. Das ist der große Vorteil, den die eigene Ernte zu Hause bietet: Die Früchte können am Strauch reifen und ihr volles Aroma entfalten, während gekauftes Obst oft weit vor seiner Zeit gepflückt wird und auf dem Transport „nachreifen" muss. Da der Lichtgenuss fehlt, können diese Früchte nie das Aroma natürlich gereifter Früchte entwickeln.

Behandeln Sie die Pflanzen vier bis sechs Wochen vor der Ernte letztmalig mit Spritzmitteln, damit die Substanzen noch abgebaut werden können.

Früchte für Freunde des guten Geschmacks

1

Pepino, Birnenmelone
(Solanum muricatum)

Pflanze: Kaufen kann man die Früchte dieser krautigen, kaum kniehohen Pflanzen hierzulande kaum. Die eigene Kultur ist aber ganz einfach: Die staudigen Halbsträucher tragen schon im ersten Pflanzjahr Früchte, die gelb- bis grünschalig sind und violette Streifen tragen. Sie schmecken saftig und mild.
Standort: Halbschattige Lagen sind am besten, da das weiche Laub sonst zu viel Wasser verdunstet. Die Triebe hängen gern über die Topfränder.
Pflege im Sommer: Halten Sie die Erde stets leicht feucht, vor allem während der Fruchtreife, sonst platzen die Schalen. Düngen Sie wöchentlich.
Pflege im Winter: Die mehrjährigen Pflanzen überwintern hell bei 5 bis 15 °C zuverlässig.
Gesundheit: Häufig Weiße Fliegen.

Zitruspflanzen: So pflegt man sie richtig

Zitronen (*Citrus limon*) werden derzeit überall angeboten: in Gärtnereien, Gartencentern, auf Märkten und sogar im Lebensmittelhandel. Was Sie trotz des Massenangebots, das die Pflegeleichtigkeit der Pflanzen suggeriert, nicht vergessen sollten: Zitruspflanzen sind keine Dauergäste fürs Zimmer! Sie brauchen im Sommer sehr viel Licht und Sonne. Sonst blühen und fruchten sie nicht.

Die Überwinterung auf einer Fensterbank ist nur dann Erfolg versprechend, wenn Sie zwei Regeln beachten. Zum einen müssen die Pflanzen wirklich hell stehen. Haben Sie nur kleinere Ost- oder Westfenster zur Verfügung, sollten Sie mit Pflanzenlampen (Wachstumsleuchten) den Lichtgenuss auf acht bis zehn Stunden pro Tag erhöhen. Zum anderen müssen Sie mit viel Fingerspitzengefühl gießen. Die Erde darf auf keinen Fall dauernass sein, sondern muss bis zum nächsten Gießdurchgang gut abtrocknen. Da Zitruspflanzen oft in sehr lehmiger Erde kultiviert werden, kann hier die Feuchtigkeit bis zu zwei Wochen anhalten! Gießen Sie deshalb nicht auf Vorrat, sondern stets nur wenig. Zu Boden fallende Blätter sind meist keine Folge von Trockenheit, sondern in erster Linie von Lichtmangel. Die Pflanzen passen sich dadurch an die geringe Lichtausbeute während der trüben Winterwochen an. Wer glaubt, dass der Laubfall auf mangelndes Gießen zurückgeht und reichlich Wasser nachfüllt, ruft Wurzelfäulnis hervor. In der Folge können die Wurzeln die Blätter nicht mehr versorgen: Sie fallen wie welk zu Boden. Ein Teufelskreislauf! Nach Trockenheit erholen sich Zitruspflanzen rasch wieder, nach Nässe trocknen sie dagegen von den Spitzen her immer weiter ein, bis sie nach und nach gänzlich absterben.

Wenn Sie diese Tipps beachten, steht nichts im Wege, sich neben Klassikern wie Zitrone (*Citrus limon*), Calamondin-Orange (× *Citrofortunella mitis*) oder Kumquat (*Fortunella margarita*) auch an ausgefallenere Zitrussorten heranzuwagen. Limette (*Citrus aurantiifolia*), Grapefruit (*C.* × *paradisi*), Pampelmuse (*C. maxima*), Orange (*C. sinensis*) oder Bergamotte (*C. bergamia*) sind in den Pflegeansprüchen nahezu identisch und begeistern mit ihren aromatisch duftenden und schmeckenden Früchten.

Für eine reiche Zitrusernte sind sonnige Plätze im Freien nötig.

2 Erdbeerbaum
(Arbutus unedo)

Pflanze: Die Früchte sehen mit ihrer Färbung und den auf der Schale sitzenden Samen wie Erdbeeren aus, schmecken aber nicht ganz so gut. Das Aroma ist eher fad. Genießen Sie deshalb so lange wie möglich den hübschen Anblick. In der Regel fällt die Blüte in die Herbstmonate, zuweilen aber auch in den Sommer. Die Früchte brauchen rund vier Monate zum Ausreifen, wobei sie zunächst grün sind, sich dann orange und schließlich rot färben.
Standort: Die immergrünen Sträucher tolerieren von Sonne bis Schatten alle Lagen.
Pflege im Sommer: Halten Sie die Erde sehr gleichmäßig feucht. Staunässe führt rasch zu Wurzelfäulnis.
Pflege im Winter: Hell bei 0 bis 10 °C.
Gesundheit: Im Frühling häufig Blattläuse an den Triebspitzen.

3 Kapernstrauch
(Capparis spinosa)

Pflanze: Diese Halbsträucher sind zwar nicht schön im Wuchs, dafür aber umso interessanter: Nicht ihre Früchte dienen als Kapern, sondern die eingelegten Blütenknospen. Lässt man diesen aber die Chance, sich zu entfalten, enstehen daraus gut 5 cm große, herrlich filigrane Blüten.
Standort: Volle Sonne ist für die Bewohner karger Steinböden oder Mauerritzen ein absolutes Muss.
Pflege im Sommer: Gießen Sie wenig, lassen Sie die Erde aber auch nicht austrocknen. Dünge-Rhythmus: ein Mal im Monat.
Pflege im Winter: Die langen, überhängenden Triebe trocknen im Winter natürlicherweise zurück, um ab Mai frisch zu sprießen. Erde im Winter ganz leicht feucht halten.
Gesundheit: Robuste Pflanzen, die bei Dauernässe jedoch rasch faulen.

4 Johannisbrotbaum
(Ceratonia siliqua)

Pflanze: Der Name dieser immergrünen, fiederblättrigen Großsträucher oder Kleinbäume geht auf das süße Mark zurück, das in den braunen Schoten enthalten ist. Man kann es roh essen oder zum Würzen verwenden. Es umhüllt die großen Samen.
Standort: Sonne ist besser als Halbschatten, der aber ebenfalls toleriert wird.
Pflege im Sommer: Eine möglichst konstante Bodenfeuchte ist wichtig. Schwankungen, vor allem Trockenheit, werden rasch mit Blattabwurf beantwortet. Regelmäßiges Entspitzen der Triebe führt zu buschigeren Kronen und dichterem Wuchs. Düngen Sie zwei bis drei Mal im Monat.
Pflege im Winter: Hell stellen bei 0 bis 10 °C. Erde leicht feucht halten.
Gesundheit: Schädlingsfrei. Probleme treten bei Dauernässe auf.

Balkon & Terrasse einrichten

Natürlich spielen die Pflanzen, denen wir die vorangegangenen Kapitel gewidmet haben, die Hauptrolle im Balkon- und Terrassengarten. Das Drumherum – Töpfe, Accessoires und Möbel – trägt aber ebenso dazu bei, dass aus den blühenden Inseln gemütliche Oasen werden, die Ihre Persönlichkeit widerspiegeln. Wir zeigen Ihnen, wie Sie Schönheit und praktischen Nutzen geschickt miteinander verbinden können.

Die Basis: schöne *Bodenbeläge*

Anders als Pflanzen, die uns wie die einjährigen Sommerblumen nur eine Saison lang mit ihrem Blütenfeuerwerk erfreuen sollen, begleiten uns bauliche Elemente wie der Terrassenbelag Jahrzehnte. Deshalb sollte man ihm schon bei der Erstanlage ausreichend Zeit und Geld widmen: Legen Sie lieber die Terrasse einmal richtig an, als schon nach wenigen Jahren an eine Umgestaltung zu denken.

Teuer ist nicht gleich schöner

Klinker- und Ziegelsteine aus Abbruch-Häusern sind ein günstiger wie schöner Baustoff für Terrassenbeläge.

Natursteinbeläge gelten gemeinhin als das „Nonplusultra" bei den Bodenbelägen. Aber nicht nur das Material selbst, sondern auch das Verlegen ist bei Natursteinplatten sehr kostenintensiv, da es viel Zeit und Übung bedarf, die unregelmäßig geformten und unter Umständen vielkantigen Platten zu fugengleichen Mustern zusammenzufügen. Einfacher selbst zu verlegen sind dagegen Kleinsteinpflaster, die aus Granit oder Porphyr bestehen können. Da sie kleinformatig sind, werden sie gerne in Halbbögen oder anderen geometrischen Figuren verlegt.

Klinkersteine sind ein ebenso bewährter wie attraktiver Belag, der wunderschön mit dem Grün der umgebenden Pflanzen harmoniert. Obwohl die Steine bei hohen Temperaturen gebrannt werden und sehr stabil sind, ist eine hunderprozentige Frostsicherheit über viele Winter nicht gegeben. Mit den Jahren weiten sich feinste Haarrisse auf. Gefriert in ihnen im Winter das Wasser, dehnt es sich aus und verursacht einen Druck, der kleine Klinkerstücke absprengen kann. Diese kleinen Makel verleihen einem Sitzplatz zwar ihren ganz eigenen Charme, sind aber vielfach unerwünscht, da sie die Flächen uneben für Tisch- und Stuhlbeine machen.

Betonsteine sind heute längst nicht mehr gleichbedeutend mit „grau" und „langweilig". In entsprechenden Formaten und mit gebrochenen Kanten („gerumpelte" Steine) kommen viele Betonstein-Modelle Natursteinen recht nahe. Farbbeimischungen mit Rot imitieren optisch den Ziegelstein-Belag. Und wer es ganz modern liebt, kann blaue oder gelbliche Steine bekommen, die viele Jahre farbbeständig sind.

Holzbeläge sind sehr modern geworden, seit es witterungsfeste Hölzer aus Übersee zu erschwinglichen Preisen gibt. Trotz der zumeist

Ein Materialmix bringt Leben in den Belag.

Pfiffig: Ist der Sandkasten später überflüssig, kann man an dieser Stelle den Belag ergänzen oder ein Wasserspiel einbauen.

ab Werk vorgesehenen Riffelung trocknen diese Beläge nach Regenfällen nur langsam ab. Ist die Fläche stark beschattet, bildet sich auf ihr ein rutschiger Belag aus Moosen und Algen. In sonnigeren Lagen bleicht das Holz aus und vergraut, sofern Sie es nicht ganz regelmäßig mit Holzschutzlasur einlassen. Dieser natürliche Alterungsprozess kann der Fläche aber auch einen gewollt-rustikalen Charme verleihen.

Die „Kür" sind Bodenbeläge, die aus einer **Mischung verschiedener Materialien** in wohl überlegten Mustern bestehen. Zu bunt und abwechslungsreich sollten die Flächen allerdings auch nicht sein, sonst wirken sie zu unruhig. Auffällige Elemente sind an Übergängen angebracht, zum Beispiel an der Terrassentür oder an der Treppe zum Garten. Gerne betont man auch das Zentrum einer Fläche oder grenzt den eigentlichen Sitzbereich optisch ab.

Der Unterbau für den Oberbau

Damit Terrassenbeläge jahrzehntelang eben bleiben, ist ein guter Unterbau nötig. Er besteht in erster Linie aus Kies. Durch die vielen Lufträume, die sich zwischen den Steinchen bilden, kann sich kein Wasser halten: Es wird in tiefere Bodenschichten abgeleitet, wo es nicht mehr frieren kann. Die maximale Tiefe, in die der Frost hierzlande in den Boden eindringen kann, liegt bei 80 cm. Wer die Erde bis in diese Tiefe ausgräbt und mit Kies auffüllt, kann sicher gehen, dass sich keine Eislinsen im Erdreich bilden, die den Bodenbelag stellenweise hochheben. Arbeitet man mit den üblichen 30 bis 40 cm Kieseinfüllung, kann es hier in Extremwintern zu leichten Verschiebungen kommen.

Die Steine selbst verlegt man bei Terrassen am besten auf einer etwa 10 cm starken Ausgleichsschicht Splitt. Die scharfkantigen Steinchen verkeilen sich gut und verschieben sich auch bei späterer Trittbelastung nicht mehr. Wichtig ist, dass die Terrassenbeläge mit einem Rüttler befahren werden, um die Fläche abschließend zu verdichten. Anstatt die Fugen mit Sand zu verfüllen, sollte man feinen Kies oder Splitt verwenden. Sand wird zu gerne von Ameisen besiedelt, die hier ihre Nester bauen.

Wer eine alte Terrasse aus Waschbetonplatten hat, braucht diese nicht herauszureißen, um den Belag zu erneuern. Der Fachhandel bietet heute Holzsysteme an, die mit höhenverstellbaren Füßen ausgestattet sind. Die viereckigen Holzelemente werden einfach auf den alten Belag aufgesetzt und eventuelle Höhenunterschiede mit Hilfe der Füße ausgeglichen. Sollte es sich um ein Mietobjekt handeln, ziehen diese Beläge später einfach mit Ihnen in das neue Domizil um.

Ein bisschen *Schatten* tut gut

So gerne man Sommer und Sonnenschein hat, aber wenn die Sonne allzu reichlich und kräftig scheint, ist man dankbar über etwas Schatten. Hier ist es kühler und man kann ein Buch lesen, ohne geblendet zu werden.

Markisen sind eine aufwändige, aber langlebige Möglichkeit, die Sonneneinstrahlung zu mildern. Sie können die Haltbarkeit der Markisenstoffe verlängern, indem Sie die Vorrichtung einrollen, sobald der Schattenspender nicht mehr gebraucht wird. So sehen die Stoffe erst nach vielen Jahren mitgenommen und ausgeblichen aus – dann müssen sie ersetzt werden.

Preiswerter sind Stoffbahnen, die Sie über die Fläche spannen. Dazu dienen wetterfeste Textilien (z.B. Zeltstoffe), die an zwei Enden mit Ösen versehen werden, durch die man Seile oder Drähte zieht. Mit diesen werden die Stoffbahnen an gegenüberliegend montierten Stangen oder Haken befestigt.

Sonnenschirme sollten standfeste Füße haben. Praktisch sind mit Wasser oder Sand befüllbare Modelle. „Auslieger"-Schirme mit seitlich platzierten Ständern lassen mehr Freiheit, darunter Tische und Stühle frei aufzustellen.

Klappen Sie Sonnenschirme zu, wenn Sie Balkon oder Terrasse verlassen und stülpen Sie Schutzhauben über. So halten sie länger.

Bei sonnigem Wetter werden die Stoffbahnen aufgespannt, bei Regen hängen sie geschützt herunter.

Bewässerungssysteme *für die Pflanzenpflege*

Für die meisten Pflanzen ist das Wichtigste bei der Pflege eine konstante Erdfeuchte. Trockenheit stoppt das Wachstum, kann zum Abwurf zahlreicher Blütenknospen und zum Verkahlen der Pflanzen führen. Staunässe dagegen lässt die Wurzeln faulen und absterben – die Folge sind kümmernde und hinfällige Pflanzen.

Töpfe mit „doppeltem Boden"

Wenn Sie Ihre Topfpflanzen in einer schattigen Ecke zusammenstellen, brauchen sie deutlich weniger Wasser und überstehen einige Tage ohne Gießen mühelos.

Bei Balkonkästen gibt es inzwischen zahlreiche Modelle mit integriertem Wasserspeicher. Dieser befindet sich im Boden und hat über Löcher Kontakt zur darüber eingefüllten Erde. Über Einfüllstutzen werden die „doppelten Böden" mit Wasser gefüllt. Ein Wasserstandsanzeiger gibt die Füllhöhe an. Das Wasser wird von der austrocknenden Erde über die Kapillarwirkung nach oben gesaugt und tränkt so die Pflanzenwurzeln über einen längeren Zeitraum. Sie müssen nicht mehr täglich gießen und können auch mal ein paar Tage verreisen.

Dekorative Glaskugeln, die man mit Wasser befüllt („Durstkugeln"), fassen nur wenig Wasser. Der Vorrat reicht kaum für einen Tag. Wenn auch optisch weniger attraktiv, können Sie ebenso gut Glasflaschen mit Wasser füllen und mit ihrem Hals senkrecht in die Erde stecken. Sie laufen langsam aus und tränken die Erde.

Wenn Sie nur kurz wegfahren, können Sie Kerzendochte durch die Topferde fädeln indem Sie die Dochte an einen durchbohrten Holzstab binden und in die Erde stecken. Stellen Sie die Pflanzen leicht erhöht auf und lassen Sie die Docht-Enden in einen Wasserbehälter münden. Die Dochte ziehen das Wasser empor und geben es an die Blumenerde ab. Sie dürfen aber nicht durchhängen, sonst perlen die Wassertropfen herab und fallen ungenutzt zu Boden.

Im Handel gibt es quellfähige Zusatzstoffe für Erden („Gel") zu kaufen. Diese können Sie unter die Blumenerde mischen, um die Wasserspeicherfähigkeit des Substrats zu erhöhen. Auf diese Weise müssen Sie seltener gießen.

Vor- und Nachteile automatischer Bewässerungssysteme

	Tröpfchenbewässerung mit Tensiometer	Tröpfchenbewässerung mit Zeitschaltuhr
Wirkung	Tensiometer messen den individuellen Pflanzenbedarf; Wassergaben passen sich an die Witterung und Verdunstungsrate an	Wassermenge nur über Anzahl der Tropfer pro Gefäß steuerbar; Wasserabgabe zur immer gleichen Tageszeit
Pflege	Tonwände der Tensiometer setzen sich zu und müssen in regelmäßigen Abständen gereinigt werden	Schläuche und Tropfer können verkalken und müssen gereinigt werden; Minderdurchfluss durch Tropferregulierung ausgleichbar
Installation	einfaches Reihensystem mit begrenzter Länge; bei großen Sammlungen mehrere Stränge nötig	bei Einbau einer Drucksteuerung lange Stränge möglich und mit einzelner Uhr ansteuerbar; Schläuche dünn und gut kaschierbar
Anschaffung	die lange Einsatzdauer der Elemente rechtfertigt die Anschaffungskosten	viele Kleinteile, die sich bei Erweiterungen preislich rasch aufsummieren; der Steuerungscomputer ist jedoch erschwinglich

AUF EINEN BLICK

Die passenden *Pflanzgefäße* wählen

Natürlich spielt die Optik bei der Wahl der Gefäße eine wichtige Rolle. Noch wichtiger aber ist, dass sich Ihre Pflanzen darin wohlfühlen.

Pflanzgefäß oder Übertopf?

Vielfach wird verwechselt, ob man ein „Pflanzgefäß" oder einen „Übertopf" benötigt. In einem Pflanzgefäß wachsen die Pflanzen und sind unmittelbar mit ihm verbunden. Ein Übertopf kann – und sollte! – davon völlig unabhängig betrachtet werden. Er dient nur als Umhüllung für das Pflanzgefäß. Auf diese Weise muss das Pflanzgefäß keinerlei optischen Ansprüchen genügen. Es kann aus Kunststoff bestehen und schwarz sein. Erst der Übertopf muss Schönheitskriterien wie Farbe und Verzierung genügen. Diese Trennung hat einen weiteren Vorteil: Wenn Sie langlebige Kübelpflanzen im Frühling ins Freie und im Herbst ins Haus räumen, sind beide Teile einzeln leichter zu tragen.

Das Material des Pflanzgefäßes

An der Frage, ob die Gefäße aus Ton oder Plastik sein sollen, scheiden sich die Geister. Fakt ist, dass heute fast alle Kulturpflanzen in Plastiktöpfen angezogen werden. Der Vorteil von Plastik liegt darin, dass er feuchtigkeitsneutral ist. Die Gefäßwände nehmen, anders als Ton, kein Wasser auf und geben keines ab. Dadurch lässt sich die Gießmenge leichter steuern: Das gesamte Gießwasser wird von der Erde und den Wurzeln gespeichert. Bei Tontöpfen kann es vor allem im Winter nachteilig sein, wenn die Topfwände zusätzlich Wasser speichern und die Erde länger feucht halten als erwünscht. Hier können leichter Staunässeschäden mit Wurzelfäulnis auftreten. Auf der anderen Seite trocknen Pflanzen in Tontöpfen im Sommer viel schneller aus und erfordern mehr Aufmerksamkeit als Plastikgefäße. Profi-Gärtner greifen deshalb nicht nur aus Kostengründen zum Plastik. Neben der einfacheren Kultur ist Plastik haltbar und mehrfach vewendbar, da man es gut reinigen kann.

Auch die Frage, ob Ton oder Terrakotta, erfordert eine ideologische Antwort. „Terrakotta" ist streng genommen ein Begriff aus dem Italienischen und bezieht sich auf eine Tonmischung, die in der Toskana vorkommt und verwendet wird. Andere Länder haben andere Mischungen, die allgemein als „Tonwaren" geführt werden. Sie haben je nach Herkunft verschiedene Beige-Tönungen und sind weniger rot als die echte, italienische Terrakotta. Nachbildungen sind meist deutlich preisgünstiger, aber auch häufig weniger dickwandig und stabil. Echte Terrakotta ist hochpreisig, dafür aber bei richtiger Handhabung auch sehr langlebig.

Wichtig bei allen Pflanzgefäßen gleich welchen Materials ist die Stabilität der Wände. Plastiktöpfe sollten sich nicht leicht ausbeulen lassen, denn dann würde sich die Erde bei Trockenheit von den Wänden lösen. Durch die entstehenden breiten Spalten würde das Gießwasser entweichen, anstelle das Erdreich und den Wurzelballen zu tränken.

Variationen in Ton: Whichford-Pottery stammt aus England.

Je dickwandiger die Gefäße sind, umso vorteilhafter ist es für die Wurzeln: Hier durchdringt Hitze langsamer als bei dünnwandigen Töpfen das Material. Die Erde im Inneren bleibt länger feucht.

Die Form der Töpfe

Wer mit beiden Beinen auf dem Boden steht, hat es leichter im Leben. Das gilt auch für Topfgärtner. Achten Sie auf eine breite Topfbasis. Laufen die Gefäße nach unten zu einer schmalen Standfläche zusammen, kann sie schon ein leichter Windstoß umwerfen. Dieser Effekt verstärkt sich, wenn die Pflanzen darin hochgewachsen sind. In dieser Hinsicht optimal sind rechteckige Pflanztöpfe mit senkrechten Wänden.

Als dauerhafte Pflanzgefäße generell kritisch zu beurteilen sind bauchige Vasen, da man die eingewachsenen Wurzeln zum Umtopfen nicht mehr unbeschadet herausziehen kann. Besser sind randlose Gefäße, die nach oben etwas breiter werden und aus denen sich der Ballen schon mit leichtem Zug lösen lässt.

Gut sind alle hohen Gefäße, denn Wurzeln streben nun einmal naturgemäß in die Tiefe. Wählen Sie auch für Ihre Balkon-Pflanzkästen möglichst tiefe Modelle. Hier werden Ihre Sommerblumen reicher blühen, denn mehr Erdvolumen bedeutet zusätzliche Nährstoff- und Wasservorräte. Sie werden häufig als „Rosentöpfe" angeboten, denn Rosen sind – ebenso wie Palmen – Kübelgäste mit langen Pfahlwurzeln.

Topfformen kritisch betrachtet

	Vorteile	Nachteile
Einzeltöpfe	Topfgrößen sind mannigfaltig und auf jeden Anspruch abstimmbar; Pflanzen wachsen konkurrenzlos und stressfrei	jedes Gefäß muss einzeln gegossen und transportiert werden; große Sammlungen können unruhig wirken
Schalen	als Tischschmuck wirken sie gefälliger als große Töpfe; sie sind für kurzfristige Anlässe rasch zu gestalten	flacher Wurzelraum, der nur wenigen Pflanzen (z.B. Polsterpflanzen, Sukkulenten) auf Dauer genügt; häufiges Nachgießen nötig
Blumenkästen	schmal und dadurch Platz sparend; Modelle mit integriertem Wasserspeicher erhältlich	Halterungen müssen auf Kastengröße abgestimmt werden, sonst Absturzgefahr; optische Aufwertung erst durch Überkästen
Ampeln	preiswert (oft beim Kauf Aufhängungen integriert); beanspruchen keine Bodenfläche, schöne Präsentation von Hängepflanzen	schwer erreichbar; häufiges Gießen nötig; stabile Halterungen müssen oft mühsam in Decken gebohrt werden

AUF EINEN BLICK

Das schlägt Wellen: Auf dieser gemauerten Bank mit Holzabdeckungen können Sie entpannen.

Nehmen Sie Platz: originelle **Sitzmöglichkeiten**

Sitzgarnituren werden überall und reichlich angeboten. Doch nicht immer findet man das Richtige, oder der eigene Geldbeutel lässt das Wunschmodell nicht zu. Modernisieren Sie doch einfach Ihre vorhandene Garnitur. Holzmöbel lassen sich abschleifen und mit einem neuen, auch farbigen Anstrich versehen. Auf Flohmärkten werden ältere Möbel mit kleinen Blessuren angeboten. Bessert man sie aus oder ersetzt die Sitzflächen durch neue Bretter, kommen Sie preisgünstig zu einer „neuen" Sitzgarnitur mit einer Portion witzig-romantischem Flair.

Qualität entscheidet

Billigmöbel aus Kunststoff reizen immer wieder zum übereilten Kauf. Doch wenn die Schnäppchen nach wenigen Gebrauchsstunden einknicken oder die Sitzflächen reißen, haben Sie nichts gewonnen und die Umwelt auch nicht, die den Sperrmüll aufnehmen muss. Geben Sie lieber etwas mehr Geld für wenige, aber dafür qualitativ hochwertige Exemplare aus. Auf diese Weise reicht es vielleicht erst einmal für ein oder zwei Stühle – aber immerhin sind deren tragende Teile stabil und mit belastungsfähigen Gelenken ausgestattet. Vorsicht: Lackierungen sind oft nicht wetterfest. Sie platzen mit den Jahren ab. Handelt es sich um lackierte Eisengestelle, rosten die Rohre dann rasch. Die Textilbespannungen oder Kissenbezüge für die Sitzflächen müssen nicht nur reißfest, sondern auch lichtstabil gegenüber der einwirkenden UV-Strahlung sein, sonst werden die rasch mürbe. Damit die Farben nicht schon nach einem Sommer ausbleichen, sollten auch sie hochwertig sein.

Immer weitere Verbreitung finden in den letzten Jahren Holzimitate aus Kunststoff. Hierbei sind die Elemente der Sitz- und Lehnflächen aus Kunststoff gegossen, aber mit der Maserung und Struktur von Holzbrettern versehen, die täuschend echt wirkt. Die Gestelle sind je nach Preislage aus langlebigem Edelstahl, Gusseisen oder rostfreiem Aluminium.

Verzichten Sie möglichst auf Tropenhölzer. Auch für Hölzer aus Plantagenanbau mussten zuvor naturnahe Wälder weichen. Das FSC-Siegel bescheinigt eine umweltverträgliche Produktion.

Figuren, Fabelwesen und Fantasien

Wenn die Bepflanzung steht, kommt die „optische Würze" in Gestalt von kleinen Figuren. Fragen Sie jedoch schon beim Kauf, ob das anvisierte Accessoire wetterfest ist. Sonst löst sich möglicherweise schon nach wenigen Regentagen die Farbe. **Keramiken** mit einer Glasur halten der sommerlichen Witterung gut stand, im Winter sollten sie dagegen ins Haus, damit kein Wasser in feine Haarrisse eindringt, gefriert und die Glasur absprengt. Fundgruben für Keramiken unterschiedlicher Künstler sind die Bauern- oder Kunsthandwerkermärkte, die vielerorts im Sommer abgehalten werden. Das Internet bietet jederzeit eine bequeme Möglichkeit, die aktuellen Termine herauszufinden.

Kleinode für Jahrzehnte sind **Figuren aus Kupfer oder Messing**. Sie setzen mit den Jahren eine edle Patina an, die ihnen ein wahrhaft antikes Aussehen verleiht. Da sie absolut wetterfest sind, werden sie gerne mit Wasser kombiniert und als Speier oder Sprudler eingesetzt. Diese werden über eine Pumpe aus einem kleinen Wasserreservoir gespeist. Im Winter leert man die Zuleitungsschläuche und bewahrt die Pumpe im Haus auf.

Elfen tanzen durchs Pflanzenreich.

Licht für lange Abende

Lichterketten werden längst nicht mehr nur während der Weihnachtszeit eingesetzt. Sie schmücken mit kleinen Leuchtdioden oder farbigen Glühbirnchen die Balkone und Terrassen das ganze Jahr. Schließlich kann man mit ihrer Hilfe abends noch länger auf der Terrasse sitzen. Da das abgegebene Licht recht schwach ist, lockt es weniger Insekten an als „richtige" Lampen.

Kerzen sind die stilvollere Alternative zu den elektrisch betriebenen Lichterketten. Sind sie mit Duftstoffen versetzt, helfen sie obendrein bei der Mückenabwehr mit. Damit man auch an windigen Abenden die Kerzen anzünden kann, haben sich **Windlichter** etabliert – gläserne Vasen, in die man eine Schicht Sand oder Kies einfüllt, um den Kerzen Halt zu geben und herabtropfendes Wachs aufzunehmen. Wer mag, kann den Sand noch mit Muscheln oder Glasmurmeln dekorieren.

Haben Sie keinen Stromanschluss auf der Terrasse oder dem Balkon, sind **Solarlampen** eine praktische Lösung: Sie brauchen keine Elektrizität aus der Steckdose, sondern fangen tagsüber die Sonnenenergie auf und speichern sie in kleinen Batterien.

Stilvolle Beleuchtung: Kerzenlicht.

Klang- und Windspiele

Bei Pflanzen findet kaum Bewegung statt, es sei denn, der Wind fährt durch die Zweige und Blüten. Für mehr „Action" sorgen Accessoires, die sich im Wind drehen. Vor allem Kinder freuen sich über kunterbunte **Windräder** oder **Holzfiguren** mit Flügeln, die bei Wind zu schlagen beginnen. Aus wetterfesten Textilien werden fantasievolle Figuren angeboten, die sich im Wind wie Fahnen aufblasen und flattern oder sich spiralförmig um die eigene Achse drehen. Sturmerprobt sind die meisten dieser Elemente nicht. Zieht ein Gewitter mit starken Böen auf, sollten Sie die Dekorationsstücke an exponierten Orten in Sicherheit bringen. Auch im Winter holt man sie am besten ins Haus, denn der Frost macht die meisten Materialien mürbe.

Beliebt sind **Klangspiele** aus verschieden langen Metall- oder Holzrohren, die von einem Klöppel in ihrer Mitte angeschlagen und zum Klingen gebracht werden, sobald sie sich im Wind bewegen. Kurze Rohre bringen zumeist sehr helle, hohe Töne hervor, lange Stücke tiefere, dumpfe Töne, die auf Dauer angenehmer sind. Hängen Sie diese Windorgeln nicht in direkter Sitzplatznähe auf. Ihr unregelmäßiges Anschlagen kann störend sein, wenn Sie ruhen oder sich mit Ihren Gästen unterhalten möchten. Alternativ dienen Klangspiele an Türen als Klingel, um Besuch anzukündigen.

Spaß für Kinder: bunte Windräder.

Bezugsquellen

Jungpflanzen für Balkon-
blumen sind im Frühling
überall in den örtlichen
Gärtnereien erhältlich.

Balkonblumen, Kräuter und Stauden im Versand

Die Blumenschule
Augsburger Str. 62
86956 Schongau
Tel 08861-737
Fax 08861-1272
www.blumenschule.de

Saatgut für Sommer-blumen

Thompson & Morgan
Postfach 1069
22784 Hamburg
Tel 040-61193993
www.thompsonmorgan.
com

Sperli Saatgut
Barbara Gassmann
Im Saal 13
21423 Winsen/Luhe
Tel 04171-73453
Fax 04717-76494

Bruno Nebelung-Kiepenkerl
Saatgut
Freckenhorster Straße 32
48351 Everswinkel
Tel 02582-6700
Fax 02582-6270

Exotische Sämereien
Renate Bucher
Wingertsweg 6
64342 Seeheim-Jugenheim
Tel 06257-962404
www.exot-nutz-zier.de

Kübelpflanzen im Versand

flora toskana – Die
Pflanzenwelt des Südens
Schillerstraße 25
89278 Nersingen OT Straß
Tel 07308-9283387
Fax 07308-9283389
www.flora-toskana.de

Hochwertige Werkzeuge für die Pflanzenkultur im Versand

Gartenbedarf-Versand
Richard Ward
Günztalstr. 22
87733 Markt Rettenbach
Tel 08392-1646, Fax: 1205
www.gartenbedarf-versand.
de

Gewächshäuser & Zubehör für Pflanzenanzucht

Beckmann
Simoniusstraße 10
Industriegebiet Atzenberg
88239 Wangen/Allgäu
Tel. 07522-6065
Fax 07522-22115
www.beckmann-kg.de

Kräuter im Versand

Rühlemann's Kräuter &
Duftpflanzen
Auf dem Berg 2
27367 Horstedt
Tel 04288-928558
Fax 04288-928559
www.rühlemanns.de

Stauden im Versand

Staudengärtnerei Dieter
Geißmayer
Jungviehweide 3
89257 Illertissen
Tel 07303-7258
Fax 07303-42181

Saatgutfirmen & Züchter (für Produktionsbetriebe)

Kientzler GmbH & Co. KG
Postfach 100
55454 Gensingen
Tel 06727-93010
Fax 06727-930177
www.kientzler.com

Syngenta Seeds GmbH
Alte Reeser Straße 95
47533 Kleve
Tel. 02821-9940
Fax. 02821-994161
www.sg-flowers.com

Ernst Benary Samenzucht
GmbH
Postfach 1127
34331 Hann. Münden
Tel 05541-70090
Fax 05541-700920
Internet: www.benary.de

Fischer GmbH & Co. KG
Am Scheid (ohne Hausnr.)
56204 Hillscheid
Tel 02624-1870
Fax 02624-187150
www.pelfi.de

Florensis Deutschland
GmbH
Postfach 311761
70477 Stuttgart
Tel. 0711-860090
Fax 0711-8600922
www.florensis.de

Jungpflanzen Grünewald
Bergkampstraße 27
44534 Lünen-Altlünen
Tel. 02306-756100
Fax 02306-7561030
www.ggg-gruenewald.com

Bildquellen

Corbis/Ariel Skelley Seite
70.
Böswirth & Thinschmidt
Seite 20, 28 o., 54 o.
Briemle, Helga Seite 68 u.
Fischer, Ellen Seite 72 o.,
72 u.
flora press Seite 16, 40, 41,
59, 84, 101, 131, 138.
Floramedia Seite 31 o., 31 u.,
32 o., 32 u., 56 li., 92 li.
o., 97 u., 98 o., 105, 134,
140 u.
Garden Picture Library, Ron
Sutherland Seite 63.
Gardenphotos/Paul van
Gaalen Seite 113.
GBA Strauß/Didillon Seite
73 r.
GBA Strauß/Engelhardt
Seite 53 M.
GBA Strauß/Noun Seite
11 o., 11 u., 79 re. u., 97 o.,
103.
GBA/GPL Seite 21 li. u.
Jahreszeiten Verlag/Eckard
Wintorff Titelbild, Seite
8/9.
Jarosch, Petra Seite 127.
Keystone Seite 57.
Laux, Hans E. Seite 118 re. o.
Papouschek & Thinschmidt
Seite 36.
Picture Press Seite 60 li.,
60 re., 94.
Picture Press, Bokelberg
Seite 48/49.

Picture Press, Heye Seite
148.
Picture Press, Rogers Seite
146.
Ratsch, Tanja/flora toskana
Seite 12 u., 13 u., 14 o., 15,
21 li. o., 21 re. u., 27 o.,
27 u., 37 re. o., 39 M. ,
39 u., 42 re. o., 42 li. u.,
42 re. u., 45 u. , 45 M. ,
45 o., 47 li., 47 re., 65 u.,
81 u., 99 u., 106 u., 107 o.,
107 u., 111, 120 o., 120 u.,
124 u., 129 u., 130 re. u.,
139 o., 140 o., 141 o.,
141 u., 142 re. o., 142 li. u.
Reinhard, Hans Seite 2, 3 o.,
3 u., 13 o., 18 li. o., 19, 18
li. u., 22, 23 u., 29, 30,
33 o., 35, 38 o., 38 M.,
38 u., 46, 51, 52 o., 53 u.,
55 u., 56 re., 58, 61, 67,
68/69, 68 o., 71, 74/75,
76, 77, 81 M. , 83 u., 86 o.,
89 o., 95, 110, 114/115, 116,
117, 119, 121 u,, 122, 128,
129 o., 130 li. o., 130 re. o.,
132 o., 132 u., 133 u., 137,
139 u., 142 re. u., 147, 151.
Reinhard, Nils Seite 17,
26 o., 26 u., 28 u., 69 u.,
91, 130 li. u. 152, 153 o.
Stein, Gitte u. Siegfried
Seite 33 M., 33 u., 73 o.,
78, 79 li. o., 80 u.,
86 re. o., 87 re. o., 90, 93,
102 li. o., 123, 125 o., 135.
Stork, Jürgen Seite 10, 24,
34, 37 re. u., 50, 62,
104 re., 108, 133 o.,
144/145, 153 u.
Strauß, Friedrich Seite 12 u.,
13 M., 14 u., 18 re. o., 18
re. u., 21 re. o., 23 o.,
25 o., 25 M., 37 li. o.,
37 li. u., 39 o., 42 li. o.,
44, 52 u., 53 o., 54 u.,
55 o., 64 o., 64 u., 65 o.,
66, 73 M., 79 re. o.,
79 li. u., 80 o., 81 o.,
82 u., 82 o., 83 o., 85 o.,
85 u., 86 li. o., 86 li. u.,
87, 88, 89 u., 92 re. o.,
92 li. u., 92 re. u., 96 o.,
96 u., 98 u., 99 o., 100,
102 li. u., 102 re.,
104 li. o., 104 re. u.,
106 o., 109, 112.
Strauß, Friedrich Seite
25 u., 118 li., 118 re. u.,
121 o., 124 o., 125 M.,
125 u., 126 o., 126 u., 136,
142 li. o., 143, 153 M.

Register

Impressum

Bibliografische Information der Deutschen Bibliothek
Die Deutsche Bibliothek verzeichnet diese Publikation in der Deutschen Nationalbibliografie; detaillierte bibliografische Daten sind im Internet über http://dnb.ddb.de abrufbar.

ISBN 3-8001-4665-7

© 2005 Eugen Ulmer KG
Wollgrasweg 41, 70599 Stuttgart (Hohenheim)
Internet: www.ulmer.de
Lektorat: Karin Wachsmuth
Innengestaltung: Atelier Reichert, Stuttgart
Umschlaggestaltung: Michaela Mayländer, Stuttgart
Reproduktion: BRK, Stuttgart
Druck und Bindung: aprinta, Wemding
Printed in Germany

Pflanzenpflege auf einen Blick

Einjährige Sommerblumen

- Beginnen Sie mit der Aussaat nicht zu früh im Jahr. Im Januar reichen Licht und Wärme ohne technische Zusätze im normalen Haushalt nicht aus. Warten Sie mit der Aussaat der meisten Arten bis Anfang März.

- Bevor sich die Sämlinge in den Saatschalen bedrängen, werden sie in separate Töpfe vereinzelt.

- Entspitzen Sie die Jungpflanzen mehrfach (mit den Fingerspitzen abkneifen). So verzweigen sie sich besser, wachsen buschiger und setzen mehr Blüten an.

- Bis zum März müssen Sie Ihre Jungpflanzen nicht düngen. Der Nährstoffvorrat in der Anzucht- und Pflanzerde genügt für die ersten Wochen.

- Während des Aprils sollten die Pflanzen bereits tageweise ins Freie, damit sie abhärten und sich an die Sonne gewöhnen.

- Schneiden Sie während des Sommers welke Blüten aus, sofern sie nicht von alleine zu Boden fallen. So wird die kräftezehrende Samenbildung verhindert und der Ansatz neuer Blütenknospen gefördert.

- Geknickte Blütenstiele kann man retten, wenn man sie mit Tesafilm oder Pflaster an Stäbe schient. Die Knicke heilen und der Trieb wird weiter versorgt.

- Zu hoch wachsende Kletterpflanzen oder zu lang herabhängende Ampelgewächse können Sie jederzeit einkürzen.

Langlebige Blütenstauden

- Obwohl Sie Stauden auch im Herbst pflanzen können, sind der März und April für Topfstauden besser, da sie dann die warme Saison vor sich haben, um sich einzugewöhnen und die Gefäße zu durchwurzeln.

- Da mehrjährige Stauden mit den Jahren vergreisen und blühfaul werden, teilt man sie in regelmäßigen Abständen. Nur die jüngeren, gesunden und kräftigen Teilstücke setzt man wieder ein. Von den älteren trennt man sich.

- Pflanzen Sie Topfstauden nicht in Gartenerde, sondern wie die einjährigen Sommerblumen in frische und hochwertige Balkon- oder Kübelpflanzenerde.

- Zur Düngung praktisch sind Langzeitdünger, die unter die Pflanzerde gemischt oder auf die Oberfläche gestreut werden. Wählen Sie keine Dünger mit mehr als sechs Monaten Wirkungszeit, sonst stören Sie den Düngestopp im August.

- Wenn Sie nicht beabsichtigen, Samen für die eigene Aussaat und Vermehrung zu ernten, sollten Sie Abgeblühtes laufend abschneiden.

- Achten Sie auf eine möglichst gleichmäßige Wasserversorgung. Pflegefehler und damit Stress schwächen die Pflanzen nicht nur kurzfristig, sondern verringern auch die Überwinterungschancen.

- Die wenigsten Topfstauden haben Probleme mit winterlicher Kälte, sondern mit Nässe. Stellen Sie die Gefäße deshalb regengeschützt auf. Eine Abdeckung mit Fichtenreisig leitet einen Großteil der Niederschläge ab und schützt immergrüne Arten vor der Wintersonne.